现代信息技术基础
（信创版）

主　编　窦立莉　葛怀雨　杨睿娜
主　审　许高峰　江亚南
副主编　韩少男　王鸿彬　贾　瀛　马　蓉
参　编　张　旭　黄　涛　张　超　窦爱玲

北京理工大学出版社
BEIJING INSTITUTE OF TECHNOLOGY PRESS

内容简介

本书全面贯彻党的教育方针，落实立德树人根本任务，以进一步构建信创生态、提升学生信息技术创新与应用能力、帮助学生成为德智体美劳全面发展的高素质技术技能人才为根本目标，按照教育部《高等职业教育专科信息技术课程标准（2021年版）》，结合WPS办公应用1+X职业技能等级证书对应的《WPS办公应用职业技能等级标准》进行编写，结合最新的信创产业发展趋势，科学组织教材内容，并配套开发了丰富的数字化资源。

本书面向办公软件初学者，每个知识点都结合实例进行讲解，帮助读者快速掌握WPS的使用方法，强化自主学习、探究式学习。

本书可以作为高职高专院校、应用型本科院校的教材，以及WPS办公软件培训的教材。

版权专有 侵权必究

图书在版编目（CIP）数据

现代信息技术基础：信创版 / 窦立莉，葛怀雨，杨睿娜主编． －－北京：北京理工大学出版社，2024.2

ISBN 978-7-5763-3593-4

Ⅰ．①现⋯ Ⅱ．①窦⋯ ②葛⋯ ③杨⋯ Ⅲ．①电子计算机－高等职业教育－教材 Ⅳ．①TP3

中国国家版本馆 CIP 数据核字（2024）第 045947 号

责任编辑／王玲玲　　**文案编辑**／王玲玲
责任校对／刘亚男　　**责任印制**／施胜娟

出版发行 ／ 北京理工大学出版社有限责任公司
社　　址 ／ 北京市丰台区四合庄路6号
邮　　编 ／ 100070
电　　话 ／（010）68914026（教材售后服务热线）
　　　　　　（010）68944437（课件资源服务热线）
网　　址 ／ http：//www.bitpress.com.cn
版 印 次 ／ 2024年2月第1版第1次印刷
印　　刷 ／ 河北盛世彩捷印刷有限公司
开　　本 ／ 787 mm×1092 mm　1/16
印　　张 ／ 17
字　　数 ／ 371千字
定　　价 ／ 59.80元

图书出现印装质量问题，请拨打售后服务热线，负责调换

前言

党的二十大报告强调，构建新一代信息技术、人工智能等一批新的增长引擎。随着新一代信息技术高速发展，不仅为我国加快推进制造强国、网络强国和数字中国建设提供了坚实有力的支撑，而且将促进百行千业升级蝶变，成为推动我国经济高质量发展的新动能，为实现高水平科技自立自强贡献力量。

"现代信息技术"课程是高职高专各专业学生的必修课或限定选修的公共基础课程。学生通过学习本课程，能够增强信息意识、提升计算思维、促进数字化创新与发展能力、树立正确的信息社会价值观和责任感，为其职业发展、终身学习和服务社会奠定基础。

为建设好该课程，编者认真研究专业教学标准、《高等职业教育专科信息技术课程标准（2021年版）》和《WPS办公应用职业技能等级标准》，开展广泛调研，得到《岗位（群）职业能力及素养要求分析报告》，并据此联合产业学院制定了《专业人才培养质量标准》。按照其中的素质、知识和能力要求要点，注重"以学生为中心，以立德树人为根本，强调知识、能力、思政目标并重"，组建校企合作的结构化教材开发团队。团队成员以企业实际项目案例为载体，任务驱动，工作过程为导向，进行课程内容模块化处理，以"模块+项目+任务"的方式，注重模块之间的相互融通及理论与实践的有机衔接，并基于互联网，融合信息技术，配套开发了丰富的数字化资源，编写成了本活页式教材。

本书从六个方面突出职业教育的特点：一、严格遵照教育部《高等职业教育专科信息技术课程标准（2021年版）》进行编写。二、依照工作手册式教材的要求组建课程内容。三、以新型活页式教材的形式编写出版，便于教材内容随信息技术发展和软件升级及时更新。四、校企共同开发，由天津滨海职业学院长期从事信息技术基础教学的一线教师和来自联想国际教育与产业人才研究院、飞腾信息技术有限公司的工程师联合编写。五、融合课程思政，强化学生职业素养养成和专业技术积累，将专业精神、敬业精神、工匠精神和家国情怀等融入教材，号召广大青年要坚定不移听党话、跟党走，怀抱梦想又脚踏实地，敢想敢为又善作善成，立志做有理想、敢担当、能吃苦、肯奋斗的新时代好青年。六、读者通过手机扫描嵌入教材的二维码，即可观看视频进行任务操作。

本书以实际应用为载体，强化日常办公所需要掌握的技能，提升动手能力，是一本实用教程；针对日常办公所需能力，以项目为核心组织知识体系，按工作过程设计学习情境，是一本体现工学结合的教材。本书涵盖国产操作系统、信息检索、WPS 文字、WPS 表格、WPS 演示文稿、新一代信息技术概述、信息素养与社会责任等七大模块。

  本书配套教学资源丰富，包括教学课件（PPT）、教学案例、案例素材、操作视频、拓展资源和课后练习答案等，方便教师教学和学生进行课后练习。

  本书由天津滨海职业学院窦立莉、葛怀雨、杨睿娜任主编，韩少男、王鸿彬、贾瀛、马蓉任副主编，张旭、黄涛、张超、窦爱玲参与编写，特别感谢许高峰、江亚南担任主审。

  本书在编写过程中参阅了部分教材和教学资料，在此特向所参考文献的作者表示衷心的感谢。由于编者水平和经验有限，编写时间仓促，书中不妥之处难免，敬请读者批评指正，以便再版时修订和完善。

编　者

目 录

模块一　国产操作系统 ……………………………………………………………… 1

项目 1　认识国产操作系统 ………………………………………………………… 3
　任务 1　认识计算机的硬件和软件 ………………………………………………… 3
　任务 2　认识操作系统 ……………………………………………………………… 6
　任务 3　认识国产操作系统 ………………………………………………………… 7
项目 2　国产操作系统基本应用 …………………………………………………… 11
　任务 1　银河麒麟桌面操作系统 V10 基本操作 …………………………………… 12
　任务 2　银河麒麟桌面操作系统 V10 文件管理 …………………………………… 14
　任务 3　银河麒麟桌面操作系统 V10 系统设置与维护 …………………………… 20
小结 ……………………………………………………………………………………… 28
课后习题 ………………………………………………………………………………… 28

模块二　信息检索 …………………………………………………………………… 31

项目 1　信息检索基础知识 ………………………………………………………… 33
　任务 1　认识信息检索 ……………………………………………………………… 33
　任务 2　为公司计算机进行浏览器设置 …………………………………………… 39
项目 2　常用信息检索技术的应用 ………………………………………………… 41
　任务 1　布尔逻辑检索查找文献 …………………………………………………… 42
　任务 2　结合算法推荐逻辑进行 AI 检索 ………………………………………… 43
　任务 3　通过专用平台进行信息检索 ……………………………………………… 45
小结 ……………………………………………………………………………………… 47
课后练习 ………………………………………………………………………………… 47

模块三　WPS 文字 ………………………………………………………………… 49

项目 1　WPS Office 的安装与认识 ……………………………………………… 51
　任务 1　WPS Office 安装 ………………………………………………………… 52

  任务 2 WPS Office 的认识 ·················· 54

项目 2 技能挑战赛通知的制作 ············· 57
  任务 1 新文档的创建 ························ 58
  任务 2 页面布局设置 ························ 60
  任务 3 字体设置 ···························· 64
  任务 4 段落设置 ···························· 65
  任务 5 页眉页脚设置 ························ 69

项目 3 销售表的制作与统计 ··············· 74
  任务 1 表格的制作 ·························· 75
  任务 2 表格的统计 ·························· 83

项目 4 "光盘行动"宣传海报的制作 ······· 87
  任务 1 图片的插入 ·························· 87
  任务 2 形状的插入 ·························· 89
  任务 3 文本框的插入 ························ 91
  任务 4 抠除背景 ···························· 92
  任务 5 艺术字的插入 ························ 94

项目 5 论文排版 ······························ 98
  任务 1 分隔符的插入 ························ 99
  任务 2 新建样式 ···························· 101
  任务 3 生成目录 ···························· 103
  任务 4 插入页码 ···························· 106
  任务 5 插入组织结构图 ······················ 106
  任务 6 插入批注 ···························· 107

项目 6 工作卡的批量制作 ················· 116
  任务 邮件合并 ···························· 116

小结 ··· 121
课后习题 ····································· 121

模块四 WPS 表格 ································ 125

项目 1 健康信息登记表 ····················· 127
  任务 1 创建健康信息登记表 ················ 128
  任务 2 编辑健康信息登记表基本格式 ······· 132
  任务 3 工作表内数据的调整 ················ 135
  任务 4 工作表的输出与保护 ················ 137

项目 2 2022 学年度学生干部考核表 ········· 142
  任务 1 基本公式、函数的使用 ·············· 142
  任务 2 多参数(复杂)函数的使用 ·········· 145

项目 3 防疫物资采购清单 ··················· 149
  任务 1 工作表的排序 ······················ 149

任务 2　工作表的筛选 ·· 151
　　任务 3　分类汇总和数据透视表 ·· 153
项目 4　学生干部考核表的图表分析 ·· 157
　　任务 1　柱形图的创建和编辑 ·· 158
　　任务 2　组合图表 ·· 164
　　任务 3　饼图的创建及编辑 ·· 165
小结 ·· 168
课后练习 ··· 168

模块五　WPS 演示文稿 ··· 171

项目 1　中国载人航天工程——演示文稿的排版与设计 ··············· 173
　　任务 1　演示文稿的创建与编辑 ······································ 173
　　任务 2　演示文稿的美化 ·· 179
项目 2　美丽中国宣传画——演示文稿的动画制作 ····················· 184
　　任务 1　"美丽中国 2022"封面的图文排版及动画设计 ·········· 184
　　任务 2　"北京天坛""北京鸟巢"的图文排版及动画设计 ······ 191
　　任务 3　"天津海河"的图文排版及动画设计 ····················· 193
　　任务 4　"香港隧道"的图文排版及动画设计 ····················· 193
　　任务 5　重庆、澳门、广州宣传页的图文排版及动画设计 ······ 195
项目 3　"互联网+"大赛路演汇报——演示文稿的图形化表达 ···· 196
　　任务 1　章节标题页的制作 ·· 196
　　任务 2　使用智能图形美化项目标题 ································ 199
　　任务 3　使用图表表示数据 ·· 201
　　任务 4　数据的图形化表达 ·· 202
　　任务 5　添加水印 ·· 206
　　任务 6　为幻灯片添加日期与页码 ··································· 209
小结 ·· 210
课后练习 ··· 210

模块六　新一代信息技术概述 ··· 213

项目 1　信息技术的发展史 ··· 215
　　任务 1　了解信息技术发展史，并用流程图表达 ·················· 215
　　任务 2　寻找生活中的计算机 ··· 218
项目 2　人工智能 ·· 223
　　任务 1　了解人工智能技术 ·· 223
　　任务 2　寻找生活中的人工智能 ······································ 225
项目 3　物联网技术 ·· 228
　　任务 1　了解物联网技术 ·· 228
　　任务 2　寻找生活中的物联网技术 ··································· 231

项目 4　大数据技术 233
　　任务 1　了解大数据技术 233
　　任务 2　寻找生活中的大数据技术 234
小结 236
课后习题 236

模块七　信息素养与社会责任 239

项目 1　信息素养和信创产业 241
　　任务 1　提升信息素养，并利用在线协作表单提升团队信息处理能力 241
　　任务 2　认识金山办公与信创产业 244
项目 2　信息安全和病毒防范 246
　　任务 1　互联网与信息安全，利用 PDF 格式防止文件被篡改 246
　　任务 2　计算机病毒及防范 250
项目 3　信息伦理与社会责任 253
　　任务 1　认识信息社会责任，并利用脑图归纳维护信息安全的法律法规 253
　　任务 2　大学生信息伦理建设 256
小结 257
课后练习 258

模块一 国产操作系统

数字经济成为全球经济增长的主引擎，数字经济的快速发展带来数字化、智能化的巨大发展机遇，其中操作系统作为数字基础设施的底座，已经成为推动产业数字化、智能化发展的核心力量。由工业和信息化部印发的《"十四五"软件和信息技术服务业发展规划》提出，要提升关键软件供给能力，加快繁荣开源生态，夯实产业发展基础，持续培育数字化发展新动能。二十大报告指出，"健全新型举国体制，强化国家战略科技力量，优化配置创新资源，优化国家科研机构、高水平研究型大学、科技领军企业定位和布局，形成国家实验室体系，统筹推进国际科技创新中心、区域科技创新中心建设，加强科技基础能力建设，强化科技战略咨询，提升国家创新体系整体效能。"

不难看出："新型举国体制"的任务便是关键核心技术攻关，实现科技自立自强。长期以来，以微软、谷歌和苹果公司的 Windows、Android、iOS 为代表的国外操作系统始终占市场主要地位。Statcounter 数据显示，2022 年 9 月，全球操作系统市场中 Android 和 Windows 系统分别以 44% 和 30% 的市场份额位列第一、第二。即便如此，近年来，国产操作系统在行业细分市场夹缝中不断拓宽发展道路并逐渐崛起。尤其是，CentOS7 将于 2024 年 6 月 30 日停止维护，对于国内很多使用 CentOS 服务器的企业来说，巨大的数据迁移和服务器更新等问题亟待解决。但这也加速了服务器操作系统国产化的进程。国产软件获得了一次难得的市场拓展契机。据不完全统计，以鸿蒙、欧拉、麒麟等为代表的我国自主开发并被列入国产化名录的操作系统已近 40 个。

项目 1

认识国产操作系统

🎯 项目情境

随着信息技术的高速发展，在现代学习、办公环境中，我们经常接触到的操作系统已经不再是 Windows 一统天下的局面了。目前，常见的操作系统有 Windows、macOS、银河麒麟、统信、鸿蒙、iOS、安卓等，这些操作系统在功能和性能上与国际主流操作系统相当，甚至在某些方面更具优势。想要更好地利用计算机完成工作，就必须对各类操作系统有一定的了解。

🎯 项目分析

通过介绍计算机硬件系统和软件系统，了解操作系统的重要性，了解操作系统的功能、结构、分类。

🎯 项目目标

（1）了解计算机的硬件结构和工作原理。
（2）掌握计算机的硬件系统。
（3）掌握计算机的软件系统。
（4）了解操作系统的功能。
（5）掌握操作系统的分类。
（6）了解国产操作系统。

🎯 项目实施

任务 1　认识计算机的硬件和软件

微机的全称是"微型计算机"，是 20 世纪最重要的科技成果之一。微机是一种能够自动、高速、精确地处理信息的设备，具有算术运算和逻辑运算的能力，能够自动执行编辑好的程序来完成对数据的加工处理，是一种辅助人类从事脑力劳动（计算、记忆、分析、判断与决策、自动学习等）的重要工具。微型计算机由硬件系统和软件系统组成。

我们国家微型计算机的发展要追溯到1973年，由清华大学、安徽无线电厂、第四机械工业部（即后来的电子工业部）六所成立联合设计组，以Intel 8008为蓝本以及Intel 8080和摩托罗拉6800为参考，历经4年，于1977年4月研制成功DJS-050微处理器和微型计算机，标志着我国第一台微机的诞生。详情见知识拓展。

 知识拓展

> 设计组借助显微镜等仪器分析了Intel 8008以及1974年面市的Intel 8080和摩托罗拉6800后得出结论，依靠国内当时集成电路的研究水平和装备状况，不具备研制类似Intel 8008、Intel 8080这样集成度的微处理器的条件。设计组选择了化整为零的技术路径，将微处理器分解为31块芯片，这些中小规模的集成电路与当时清华自控系半导体车间的工艺水平相当。于是在四机部、北京市科委的大力支持下，清华大学多个系协作，最终研制成功DJS-050所需的所有芯片。1977年4月，联合设计组研发的样机通过了有关部门的鉴定。我国第一台微机诞生了。
>
> 此后，我国微机技术的创新重心也随着IBM PC成为市场主流而转向PC架构。1983年年底，PC兼容机长城100DJS-0520A和首套PC兼容汉字操作系统CCDOS诞生。1985年6月，具有完整中文信息处理能力的国产微机——长城0520CH问世。从此，我国PC产业进入飞速发展、空前繁荣的时期。

1. 微型计算机的硬件系统

微型计算机的硬件系统由五大组成部分：运算器、控制器、存储器、输入设备、输出设备，其中，运算器和控制器通常被集成在一块电路芯片上，被称为"中央处理器"即CPU。微型计算机结构由冯·诺依曼设计提出，其核心思想有两点：第一，计算机采用二进制（指令、数据皆采用二进制方式存储）；第二，计算机以"存储程序"的方式工作，预先将指令存储在存储器中，工作过程中采用"取指令、执行指令"的方式顺序执行。如图1-1所示。

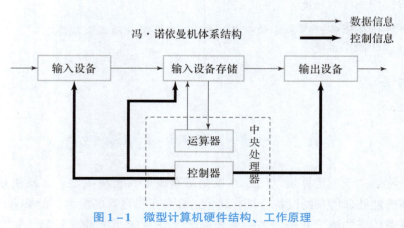

图1-1 微型计算机硬件结构、工作原理

◆ 中央处理器（Central Processing Unit，CPU）是计算机的中枢大脑，是硬件的核心。主要包括运算器和控制器两大部分，控制着整个计算机系统的工作。其中，运算器又称为"算术逻辑单元"，完成算术运算和逻辑运算。

◆ 存储器是计算机的记忆存储部件，既能够接收和保存数据，又能够向其他部件提供数据。存储器分为内存和外存两大类：

（1）内存分为随机读/写存储器（RAM）、只读存储器（ROM）以及高速缓冲存储器（Cache）三类。内存一般指的是 RAM。

（2）外存主要包括硬盘、光盘、U 盘以及硬盘等。

◆ 输入设备主要包括键盘、鼠标、扫描仪、麦克风等数据采集设备。

◆ 输出设备主要包括显示器、打印机、音箱等设备。

2. 微型计算机的软件系统

只有硬件系统的计算机被称为"裸机"，直接在"裸机"上运行程序是十分困难的，通过程序来实现硬件系统的运行，解决了裸机带来的困难，因此将这一类程序的集合为"计算机软件系统"。按照功能，计算机软件系统又分为系统软件和应用软件两大类。

◆ 系统软件是协调、担负、控制计算机硬件系统以及确保功能性应用软件顺利工作的重要软件系统。常见的系统软件包括操作系统、语言处理程序、数据库系统以及网络管理系统。

1）操作系统

操作系统（Operating System，OS）是管理计算机硬件和软件的程序。操作系统的典型工作包括系统资源的优化和执行的先后优先级、输入与输出设备的管理、内存的管理与配置等。操作系统为用户和计算机硬件之间搭建了一个友好的操作界面。当前我国在大力推进信息技术国产化的进程，由此而形成的"信创"产业正在如火如荼地发展。我国目前自主研发的操作系统中，应用比较广泛的有深度 Linux（Deepin）、中标麒麟（NeoKylin）、银河麒麟、红旗 Linux（Redflag Linux）等；此外，其他常见的操作系统有 Windows 操作系统、UNIX 操作系统、macOS（苹果操作系统）等。

知识拓展

"信创"的全称是"信息技术应用创新"，是我国一项国家战略，是当前形势下国家经济发展的新动能。党的二十大报告中再定增强国家安全主基调，重申发展信创产业，实现关键领域信息技术自主可控的重要性。

信创涉及的行业包括：IT 基础设施，如 CPU 芯片、服务器、存储器、交换机、路由器、各种云和相关的服务内容；基础软件，如数据库、操作系统、中间件；应用软件，包括 OA、ERP、办公软件、政务应用；信息安全，如边界安全产品、终端安全产品等。

2）语言处理程序

语言处理程序是将程序语言编辑的源程序转换成计算机语言的形式，这种转换的过程由翻译程序来完成。翻译程序能够实现语言的转换、语法和语义的检查。翻译程序统称为语言处理程序。语言处理程序有三种：汇编程序、编译程序以及解释程序。

3）数据库系统

数据库系统（Database System，DBS）是为适应数据处理的需要而产生和发展起来的一种数据处理系统，是一个为存储、维护和应用系统提供数据操作的软件系统，是存储介质、处理对象和管理系统的集合体。我国自主研发的数据库系统有 openGauss、达梦、人大金仓、南大通用等。

应用软件是和系统软件相对应的，是用户可以使用的各种程序设计语言，以及用各种程序设计语言编制的应用程序的集合，是为满足用户不同领域、不同问题的应用需求而提供的那部分软件。应用软件分为应用软件包和用户程序。应用软件包是利用计算机解决某类问题而设计的程序的集合，多供用户使用。有了应用软件，可以极大地拓宽计算机系统的应用领域，放大硬件的功能。

按照功能用途划分，应用软件可以划分为如下几个类型：办公室软件、互联网软件、多媒体软件、分析软件、协作软件、商务软件等。

任务 2 认识操作系统

一、操作系统的功能

操作系统是硬件与应用软件的"桥梁"，主要功能可以概括为：

（1）计算机内存的管理与配置。

（2）计算机系统资源的分配、调度与控制。

（3）输入设备与输出设备的控制。

（4）网络管理、文件管理等系统基本事务。

（5）为用户提供一个交互界面（UI）。

操作系统与用户、应用软件及硬件的关系如图 1-2 所示。

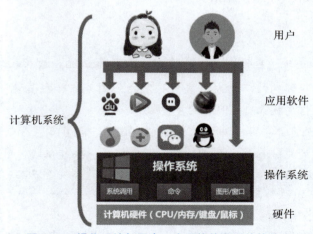

图 1-2 操作系统与用户、应用软件及硬件的关系

二、操作系统的结构

通常来讲，操作系统由下列四大部分组成。

（1）驱动程序：是操作系统最底层的部分，能够直接控制和监视各类硬件。驱动程序能够隐藏硬件的具体细节，通过抽象的、通用的接口为其他应用程序提供服务，帮助其他应用程序方便、快捷地使用计算机硬件。

（2）内核：操作系统的内核是负责最基础性和结构性功能的一组软件，相较于其他的软件，内核拥有最高级别的运行权限。

（3）接口库：它由一系列特殊的程序库组成，主要职责是为应用程序提供可使用的编程接口（Application Programming Interface，API），通过 API，应用程序就能够方便地调用系统资源。它是操作系统中最靠近应用程序的部分。

（4）外围：操作系统中除上述三部分外的其他部分统称外围，这部分通常由能够提供特定高级服务的部件组成。

三、操作系统的分类

操作系统有很多种分类方法，按支持用户数，可以分为：单用户操作系统和多用户操作系统。按照源代码开放程度，可以分为开源操作系统和闭源操作系统。按照操作系统的功能和作业处理方式，可以分为批处理操作系统、分时操作系统、实时操作系统和网络操作系统。

在工作和学习中使用较为广泛的分类方法是按照应用领域进行分类，根据不同的应用领域，操作系统可以分为：

（1）桌面操作系统：是用户接触最多的一类操作系统，多运行于台式 PC 机、笔记本电脑和平板电脑，一般都具有美观、简单、易用的图形化界面。当前应用较为广泛的桌面操作系统有 Windows 系列、macOS 系列、Linux 系列、银河麒麟桌面操作系统、统信操作系统——桌面版等。

（2）服务器操作系统：一般指的是安装在各类大型计算机上的操作系统。比如 Web 服务器、应用服务器和数据库服务器等，是企业 IT 系统的基础架构平台。相较于桌面操作系统，在一个具体的网络中，服务器操作系统要承担额外的管理、配置、稳定、安全等功能，处于每个网络中的"心脏"部位。

（3）嵌入式操作系统：是指用于嵌入式系统的操作系统。嵌入式操作系统是一种用途广泛的系统软件，通常包括与硬件相关的底层驱动软件、系统内核、设备驱动接口、通信协议、图形界面、标准化浏览器等。在嵌入式领域广泛使用的操作系统有：嵌入式实时操作系统 μC/OS-Ⅱ、嵌入式 Linux、Windows Embedded、VxWorks 等，以及应用在智能手机和平板电脑的 Android、iOS、鸿蒙等。

任务 3　认识国产操作系统

随着我国综合国力的高速发展，很多尖端技术领域由于某些原因而越来越受制于人，特别是在 IT 领域，无论是硬件还是软件领域的核心技术方面，我国都与世界顶尖水平还存在一定的差距。核心技术的缺失不仅会使我国在 IT 领域缺乏话语权，同时，也会使我国的信息安全存在重大安全隐患。为了解决这个问题，我国明确提出了"数字中国"的建设战略，旨在抢占数字经济产业链的制高点。同时，国家还提出了"2+8"安全可控体系（2 指的是党、政两大体系，8 指的是关于国计民生的八大行业：金融、电力、电信、石油、交通、教育、医疗、航天，均需安全可控）。由此，"信创"战略应运而生，信创是"信息技术应用创新产业"的简称，它是数据安全、网络安全的基础。信创所涉及的领域如图 1-3 所示。

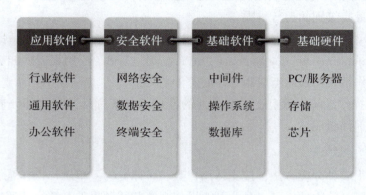

图 1-3　信创所涉及的领域

经过近几年的高速发展，我国"信创"领域硕果累累，芯片方面以飞腾、鲲鹏、龙芯、兆芯为代表的国产 CPU 厂商生产的 CPU 已经被广泛应用于国产计算机和服务器上，以长江存储为代表的存储厂商市场份额和产品性能稳步提升，以联想、清华同方、浪潮为代表的 PC 机/服务器生产厂商产品出货量遥遥领先。在软件领域也诞生了 WPS 办公软件、阿里云数据库 PolarDB、华为 openGauss 数据库和众多国产操作系统。

操作系统方面，目前主流的 PC 机、服务器国产操作系统有银河麒麟、统信 UOS 和深度操作系统 Deepin。

银河麒麟桌面操作系统：是一款适配国产软硬件平台并深入优化和创新的简单易用、稳定高效、安全可靠的新一代图形化桌面操作系统产品；实现了同源支持飞腾、龙芯、申威、兆芯、海光、鲲鹏、Kirin 等国产处理器平台和 Intel、AMD 等国际主流处理器平台；采用全新的界面风格和交互设计，提供更好的硬件兼容性。系统融入更多企业级网络连接场景，增加多种触控手势和统一认证方式，全新设计的自研应用和工具软件，让办公更加高效；注重移动设备多屏协同，优化驱动管理，封装系统级 SDK，操作简便，上手快速。图 1-4 所示为银河麒麟桌面操作系统 V10 SP1 界面。

银河麒麟高级服务器操作系统：是针对企业级关键业务，适应虚拟化、云计算、大数据、工业互联网时代对主机系统可靠性、安全性、性能、扩展性和实时性等需求，依据 CMMI5 级标准研制的提供内生本质安全、云原生支持、自主平台深入优化、高性能、易管理的新一代自主服务器操作系统。

银河麒麟高级服务器操作系统汲取最新的云和容器开源技术，融合云计算、大数据、人工智能技术，助力企业上云，标志着银河麒麟服务器操作系统面向云化的全面突破。支持云

图 1-4 银河麒麟桌面操作系统 V10 SP1 界面

原生应用，满足企业当前数据中心及下一代的虚拟化（含 Docker 容器）、大数据、云服务的需求，为用户提供融合、统一、自主创新的基础软件平台及灵活的管理服务。

产品同源支持飞腾、鲲鹏、龙芯、申威、海光、兆芯等自主平台，并针对不同平台在内核层优化增强。

基于银河麒麟高级服务器操作系统，用户可轻松构建数据中心、高可用集群和负载均衡集群、虚拟化应用服务、分布式文件系统等，并实现对虚拟数据中心的跨物理系统、虚拟机集群进行统一的监控和管理。

银河麒麟高级服务器操作系统针对企业关键生产环境和特定场景进行调优，充分释放 CPU 算力，支撑用户业务系统运行更高效、更稳定。产品支持行业专用的软件系统，已应用于政府、金融、教育、财税、公安、审计、交通、医疗、制造等领域。

统信 UOS 桌面操作系统：是统信软件为 C 端用户打造的一款适合个人及家庭使用的 PC 操作系统，支持双系统安装，拥有独立的应用商店，可满足用户对于操作系统的使用需求。系统具有良好兼容性，兼容 x86、ARM、MIPS、SW 架构；支持七大国产 CPU 品牌：龙芯、申威、鲲鹏、麒麟、飞腾、海光、兆芯；与 40 多个国产桌面整机厂商达成合作；适配了 180 多款桌面类整机型号（笔记本、台式机、一体机、平板）。软件方面，商店已上架 800 多款应用；与讯飞、金山、网易等 300 多家国内软件开发商达成合作；适配超过 600 款桌面商用软件；基于 Wine 技术，无缝迁移 Windows 常规应用。外设方面，兼容主流的打印机、扫描仪、高拍仪、读卡器、Raid 卡、HBA 卡等外设；与超过 80 家外设厂商达成合作；适配超过 1 300 款第三方外设产品。图 1-5 所示为统信 UOS 桌面操作系统界面。

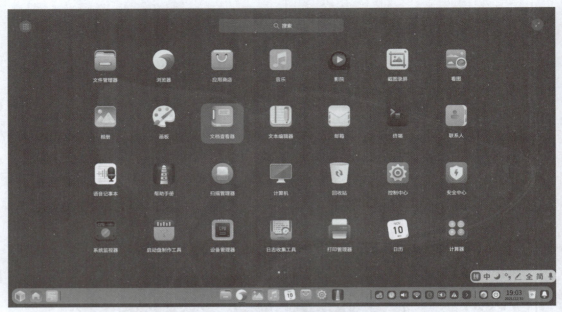

图 1-5 统信 UOS 桌面操作系统界面

统信服务器操作系统：是统信操作系统（UOS）产品家族中面向服务器端运行环境的一款用于构建信息化基础设施环境的平台级软件。产品主要面向我国党政军、企事业单位、教育机构，以及普通的企业型用户，着重解决客户在信息化基础建设过程中，服务端基础设施的安装部署、运行维护、应用支撑等需求。以其极高的可靠性、持久的可用性、优良的可维护性，在用户实际运营和使用过程中深受好评，是一款体现当代主流 Linux 服务器操作系统发展水平的商业化软件产品。该产品具有高可靠性、高可用性、高性能、强安全、易维护等特点。

深度操作系统 Deepin：是基于 Linux 内核，以桌面应用为主的开源 GNU/Linux 操作系统，支持笔记本、台式机和一体机。深度操作系统包含深度桌面环境（DDE）和近 30 款深度原创应用，以及数款来自开源社区的应用软件，支撑广大用户日常的学习和工作。另外，通过深度商店还能够获得近千款应用软件的支持，满足对操作系统的扩展需求。

项目 2

国产操作系统基本应用

操作系统（Operating System，OS）是一组主管并控制计算机操作、运用，运行硬件、软件资源，以及提供公共服务来组织用户交互的相互关联的系统软件程序。根据运行的环境，操作系统可以分为桌面操作系统、手机操作系统、服务器操作系统、嵌入式操作系统等。简单来说，操作系统就是能够管理计算机硬件与软件资源的一组计算机程序。

项目情境

近年来，国家在 2+8 领域大力推进国产化替代，学习如何使用国产操作系统逐渐成为现代办公环境中的必备技能，下面将学习银河麒麟桌面操作系统 V10（后面简称银河麒麟）的基本操作、系统文件管理、操作系统的设置和维护。

项目分析

银河麒麟桌面操作系统 V10 的基本操作与其他主流操作系统类似，包括桌面操作、窗口管理、文件查找与搜索。用户可以轻松地打开和关闭应用程序、切换不同任务、管理桌面图标等；文件管理功能强大且易于使用，用户可以轻松地创建、重命名、移动、删除文件和文件夹。还支持文件搜索、文件属性查看等功能，方便用户快速找到和管理所需文件。系统设置与维护功能提供了丰富的选项和工具，帮助用户自定义系统行为和外观。用户可以调整系统主题、字体、分辨率等，以满足个人喜好和需求。此外，还提供了系统清理、备份与还原等功能，方便用户维护系统稳定性和数据安全。

项目目标

（1）能够熟练地使用银河麒麟桌面操作系统 V10 进行日常操作。
（2）能够熟练地创建、重命名、移动、删除文件和文件夹。
（3）能够使用文件搜索功能快速找到所需文件。
（4）能够自定义系统主题、字体、分辨率等，以满足个人喜好和需求。

 项目实施

任务1 银河麒麟桌面操作系统 V10 基本操作

任务要求：登录麒麟操作系统，熟悉桌面功能与电源管理。

知识储备

计算机启动后，系统会显示用户名并提示输入密码来登录系统，最初使用系统时，用户名和密码都是系统安装时设置的，如需增加账户，可在"开始"菜单→"设置"→"账户"中进行账户管理。如果当前显示的不是想登录的账户，可单击图1-6右下角的"切换用户"图标。

图1-6 银河麒麟登录界面

系统登录后，进入桌面，银河麒麟初始桌面由桌面图标、桌面背景和任务栏组成（包括"开始"菜单、快捷启动按钮和状态栏）。在初始状态下，银河麒麟桌面仅有计算机、回收站、主文件三个图标。图1-7所示为银河麒麟桌面。

图1-7 银河麒麟桌面

步骤 1：使用鼠标双击桌面上的"计算机"图标，打开"文件管理器"，查看当前计算机的资源。

步骤 2：使用鼠标右键单击"计算机"，在弹出的菜单中选择"属性"，查看当前系统的计算机名、系统版本、内核版本、CPU 型号、内存容量等信息，如图 1-8 所示。

图 1-8　银河麒麟系统属性

步骤 3：在桌面上单击右键，弹出如图 1-9 所示菜单。

图 1-9　银河麒麟右键菜单

步骤 4：使用鼠标单击桌面左下角的"开始"菜单按钮，在弹出的"开始"菜单中选择右下角的电源图标，会弹出如图 1-10 所示的电源管理界面。在这个界面中，用户可以完成计算机的睡眠、锁屏、重启和关机操作，还能够注销当前用户或切换用户。

图 1-10　电源管理界面

任务 2　银河麒麟桌面操作系统 V10 文件管理

任务要求 1：在桌面创建名为"记事.txt"的文本文件，然后将"记事.txt"重命名为"我的记事.txt"。在文件管理器的数据盘中名为"制度文档"的文件夹中新建名为"员工绩效考核制度.wps"的 WPS 文字文档。

知识储备 1：文件和文件夹

文件，也称为电脑文件或者计算机文件，是存储在某种长期存储设备或临时存储设备中的一段数据流，并且归属于计算机文件系统管理之下。计算机中所存储的数据都是以文件形式保存的，文件和文件夹是操作系统管理数据的重要方式。如同人的身高、体重等信息一样，每个文件都有自己的属性。文件常用的属性有：

（1）文件类型。一般用文件类型来描述文件所存储数据的类型，如应用程序文件、文本文件、图片文件、视频文件、数据库文件等，文件类型通常用文件的扩展名来区分。

（2）文件大小。也称作文件长度，是存储该文件所需的存储器空间大小。文件大小的单位可以是字节（B）、千字节（KB）、兆字节（MB）、吉字节（GB）、太字节（TB）。

（3）文件的物理位置。指的是文件存储在哪个存储设备上以及在该存储设备的什么位置。

（4）文件创建/修改时间。用于显示文件最初创建的时间和最后一次修改的时间。

知识储备 2：文件和文件夹的命名规则

文件名是文件的标识，操作系统根据文件名对其进行存储和管理，不同的操作系统对文件命名的规则略有不同，银河麒麟操作系统文件命名规则如下：

（1）文件/文件夹名的长度不能超过 255 个字符。

（2）可用字符，除"/"之外，所有字符均可作为文件的一部分。但为了便于使用一些特殊字符，如","" * ""?"等，字符尽量避免出现在文件名中。

（3）银河麒麟中，文件/文件夹命名严格区分大小写，文件夹"Aa"和"aa"会被认为是两个不同的文件夹，而在 Windows 中，它们将被视为同名文件夹。

（4）文件名一般由主文件名和扩展名组成，例如：通知.wps。通知是主文件名，.wps是扩展名。

知识储备 3：银河麒麟文件组织形式

区别于 Windows 操作系统的硬盘分区，银河麒麟全部以文件夹方式进行管理。打开银河麒麟的文件系统，默认打开的是"/"文件夹，也叫根文件夹，其他所有文件/文件夹都挂载在这个文件夹下，它没有上级文件夹。文件管理器如图 1–11 所示。

图 1–11　文件管理器

银河麒麟安装完成后，在根文件夹下会自动创建很多系统文件夹，常用系统文件夹及其作用包括：

（1）/usr 文件夹，该文件夹存放的是用户程序，包含二进制文件、文档、库文件、二级程序的源代码等，一般通过源码编译的程序都会放到这个文件夹。

（2）/root 文件夹，该文件夹是管理员的家文件夹，root 用户的所有文件都存放在这个文件夹下面。

（3）/home 文件夹，这是除了 root 用户以外其他用户的家文件夹，每个用户创建后，都会在/home 文件夹下自动创建一个同名文件夹，存放该用户个人文件。

（4）/bin 和/sbin 文件夹，该文件夹存放可执行二进制文件，常见的银河麒麟命令都位于/bin 文件夹下，系统管理员使用的命令位于/sbin 文件夹下。

（5）/etc 文件夹，配置文件存放位置，所有程序的配置文件、shell 脚本文件都存放在这个文件夹下。

（6）/boot 文件夹，引导加载程序的文件存放在这个文件夹下，系统开机时加载的文件都存放在这里。

（7）/dev 文件夹，设备文件文件夹。在银河麒麟操作系统中，所有设备都是按照文件的方式进行管理的，每个设备都会有对应的文件在这个文件夹中，包括终端设备、USB 设备以及连接到系统中的任何设备都以文件的形式存放在这个文件夹中。

（8）/lib 文件，系统库文件夹，二进制文件的库文件。

（9）/数据盘，该文件夹在文件管理中显示为"数据盘"，在其他软件中显示为/data，两者为同一文件夹，它是用于存放用户数据的文件夹，类似于 Windows 操作系统中存放用户数据的分区。

上述文件夹中，除/home 和/数据盘外，对于其他文件夹，普通用户在日常工作中较少使用。

步骤1：在桌面单击鼠标右键，弹出如图 1-12 所示桌面右键菜单。在弹出的菜单中选择"新建"→"空文本"完成创建。

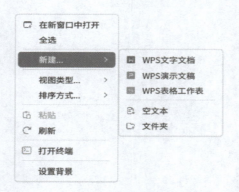

图 1-12　桌面右键菜单

步骤2：空文本文件创建后，系统会为它起一个默认的名字"新建文件"。光标会自动定位到默认名字上，输入文件的名字"记事.txt"。

步骤3：鼠标右键单击"记事.txt"，在弹出的菜单中选择"重命名"，输入新的文件名"我的记事.txt"。

步骤4：在桌面双击"计算机"或者单击任务栏中的"文件管理器"快速启动按钮，打开如图 1-11 所示的文件管理器窗口。

步骤5：双击打开"数据盘"文件夹，在窗口内容区空白处单击右键，在弹出的右键菜单中选择"新建"→"文件夹"，输入文件夹名"制度文档"。

步骤6：双击打开"制度文档"文件夹，在弹出的右键菜单中选择"新建"→"WPS

文本文档",输入文件名"员工绩效考核制度.wps"。

任务要求2:删除桌面上"我的记事.txt",然后从回收站中将此文件恢复到桌面上,再从桌面上永久删除"我的记事.txt"。

步骤1:右键单击"我的记事.txt",在弹出的如图1-13所示菜单中选择"删除到回收站",或者使用鼠标单击选中"我的记事.txt",然后按Delete/Del键完成文件删除。

图1-13 右键菜单

步骤2:在桌面上双击打开"回收站",在打开的"回收站"窗口中找到"我的记事.txt",右键单击该文件,在弹出的右键菜单中选择"还原",此时刚才删除的"我的记事.txt"就恢复到了桌面。

步骤3:回到桌面,使用鼠标选中"我的记事.txt",按住键盘上的Shift键,然后按Delete/Del键,弹出如图1-14所示的确认删除界面。单击"是"按钮完成文件的永久删除。

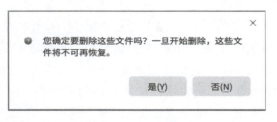

图1-14 确认删除界面

任务要求3:在"制度文档"文件夹下再创建4个WPS文字文档和2个文件夹。文件分别命名为"财务制度.wps""考勤制度.wps""仓库管理制度.wps"和"车辆管理制度.wps",文件夹命名为"过期制度"和"制度备份"。将"车辆管理制度.wps"移动到"过期制度"文件夹,将"员工绩效考核制度.wps""财务制度"和"考勤制度.wps"复制到"制度备份"文件夹。

知识储备1:文件/文件夹的复制

在不同文件夹或者同一文件夹中创建一个与被复制文件完全相同的副本(同一个文件

夹中的副本不能与原文件同名)。

知识储备2：移动

将文件/文件夹从一个文件夹移动到另外一个文件夹。

知识储备3：选择

使用鼠标单击某个文件/文件夹，它就会变为选中状态。若要选择多个文件/文件夹，可使用如下方式：

（1）按住键盘上Ctrl键，然后使用鼠标逐个单击要选择的文件/文件夹。

（2）如果选择连续的多个文件/文件夹，可以先用鼠标单击起始位置的文件/文件夹，然后按住键盘上的Shift键，再用鼠标单击结束位置的文件/文件夹，这样从起始位置到结束位置的多个连续的文件/文件将被全部选中。

（3）按住鼠标左键移动鼠标，用鼠标选中一个区域内多个文件/文件夹。

（4）使用Ctrl + A组合键，选中当前工作区全部文件和文件夹。

步骤1：使用"任务要求1"中的方法在"制度文档"中按要求创建文件和文件夹并重新命名。

步骤2：

方式1：使用鼠标右键单击"车辆管理制度.wps"，在弹出的右键菜单中选择"剪切"，双击进入文件夹"过期制度"，在窗口工作区单击右键，在弹出的菜单中选择"粘贴"。

方式2：在"制度文档"窗口中将鼠标移动到"车辆管理制度.wps"，按住鼠标左键，拖动鼠标，将文件拖动到"过期制度"文件夹上方后松开鼠标左键。

方式3：选中"车辆管理制度.wps"，按住键盘上的Ctrl键，然后按下X键（简称Ctrl + X组合键），鼠标双击打开"过期制度"文件夹，按Ctrl + V组合键完成文件移动。

步骤3：

方式1：在制度文档中，选中"员工绩效考核制度.wps""财务制度.wps"和"考勤制度.wps" 3个文件（使用知识储备一节中的选择方法），按Ctrl + C组合键，然后双击打开"制度备份"文件夹，按Ctrl + V组合键完成复制。

方式2：选中想要复制的文件，使用鼠标拖动的同时按住Ctrl键，拖动到目标文件夹后，先抬起鼠标左键，再松开Ctrl键完成复制。

任务要求4：在文件管理器中搜索文件"员工绩效考核制度.wps"。

步骤1：打开"文件管理器"，单击图1 – 15所示地址栏上方的"搜索"按钮（搜索范围是图1 – 16所示窗口中工作区部分的所有文件夹及其子文件夹）。

步骤2：按下"搜索"按钮后，按钮左侧由地址栏变为搜索内容输入框，如图1 – 16所示，输入"员工绩效"。

步骤3：银河麒麟操作系统的搜索采用的是边输边搜的方式，当用户输入"员工绩效"后，系统会立即显示出搜索范围内所有包含"员工绩效" 4个字的文件或文件夹，如图1 – 17所示。

图 1-15　文件管理器

图 1-16　搜索文件

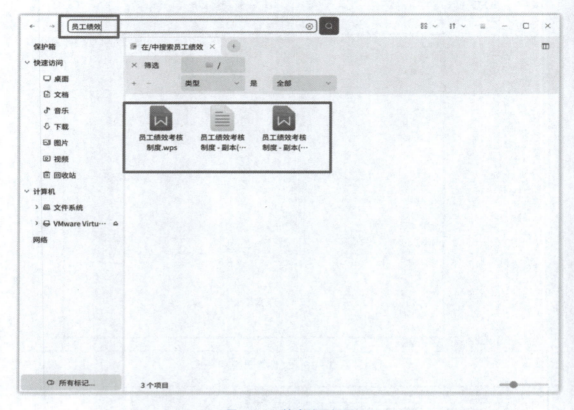

图 1-17 搜索结果视图

步骤 4：用户还可以使用筛选功能，按"类型""文件大小""修改时间"和名称进行筛选。

步骤 5：在筛选结果视图中选中要找的文件，就可以对它进行后续的打开、删除、复制等操作。如果想要找到该文件的存放位置，可以右键单击该文件，在弹出的菜单中选择"在新窗口中打开文件所在目录"，这样就会打开该文件所在的文件夹。

任务3　银河麒麟桌面操作系统 V10 系统设置与维护

任务要求1：在银河麒麟操作系统中安装微信，然后再删除。

步骤 1：在任务栏中单击"软件商店"快速启动按钮，打开软件商店，如图 1-18 所示。

步骤 2：在软件商店右侧的下载排行版块中找到"微信"，如果下载排行中没有，可以在软件商店顶部搜索栏中输入"微信"后按 Enter 键。单击微信右侧的"下载"按钮。也可以单击"微信"图标，打开软件详情界面，如图 1-19 所示，单击界面右侧的"下载"按钮。下载完成后，会自动完成安装。

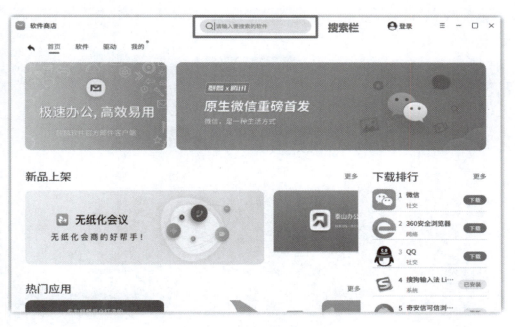

图 1-18 软件商店

图 1-19 软件详情界面

步骤 3：在软件商店主界面找到并单击"我的"，进入"我的"界面，如图 1-20 所示。在这个界面中可以查看正在下载的应用、更新应用、卸载应用和安装历史。

步骤 4：找到"微信"，单击其右下角的"卸载"按钮完成应用卸载。

图1-20 "我的"界面

任务要求2：使用银河麒麟的个性化设置完成背景、主题、锁屏、屏保和字体的设置。

步骤1：设置背景。在桌面上单击右键，在弹出的右键菜单中选择"设置背景"，或者选择"开始"菜单→"设置"→"个性化"→"背景"，打开如图1-21所示的"设置"窗口。

图1-21 背景设置界面

步骤 2：在窗口中设置背景。背景可以选择"图片"和"颜色"两种模式，显示方式中有填充、平铺、居中和拉伸 4 种，用户可根据背景图片具体情况进行选择。在该界面最下面还可以单击"浏览"按钮，选择存储在其他位置的图片作为背景；也可以单击"线上图片"，进入"优麒麟壁纸库"下载在线壁纸。

步骤 3：设置主题。在左侧导航栏选择"个性化"分类中的"主题"，进入图 1 – 22 所示主题设置界面。

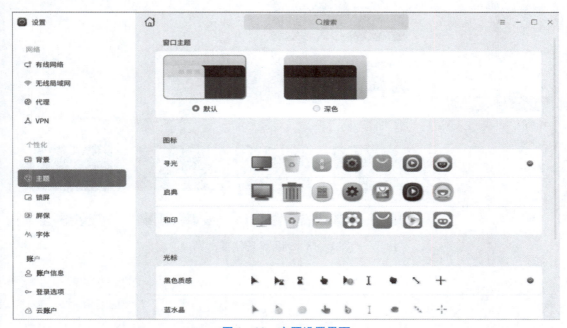

图 1 – 22　主题设置界面

步骤 4：选择自己喜欢的"窗口主题""图标"及"光标"样式。

步骤 5：设置锁屏。在左侧导航栏选择"个性化"分类中的"锁屏"，进入图 1 – 23 所示锁屏设置界面。

步骤 6：设置是否"显示锁屏壁纸在登录页面"，是否"激活屏保时锁定屏幕"，多长时间系统无操作进入锁屏并选择锁屏时显示的图片。选择其他存储位置或在线下载锁屏图片的操作方法与"设置背景"的相同。

步骤 7：设置屏保。在图 1 – 22 所示左侧导航栏中选择"个性化"分类中的"屏保"，进入图 1 – 24 所示屏保设置界面。

步骤 8：设置无操作 15 分钟后启动屏保，屏幕保护程序选择自定义，调整屏保来源、切换方式、切换频率等。单击界面左上角的屏保图片可以预览屏保设置效果。

步骤 9：设置字体。在图 1 – 22 所示左侧导航栏中选择"个性化"分类中的"字体"，进入图 1 – 25 所示字体设置界面。

步骤 10：选择系统默认使用的字体、字号。

任务要求 3：设置银河麒麟操作的系统日期和时间。

图 1-23　锁屏设置界面

图 1-24　屏保设置界面

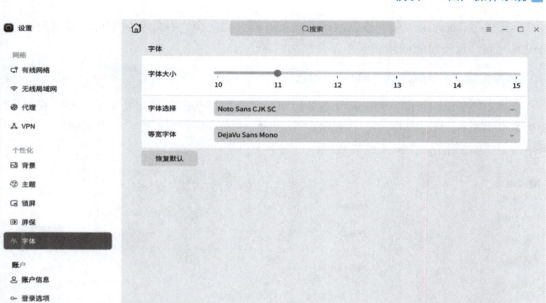

图 1-25 字体设置界面

步骤 1：在任务栏最右侧，系统会显示实时的日期和时间，在此处单击右键，在弹出的快捷菜单中选择"时间日期设置"，或者单击"开始"菜单→"设置"→"时间语言"→"时间和日期"，弹出如图 1-26 所示的时间和日期设置界面。

图 1-26 时间和日期设置界面

步骤 2：系统时间一般会根据时区通过互联网自动同步，在此界面中可以修改时区，手动设置时间、设置时间同步服务器以及添加时区。

任务要求 4：连接有线网络。

步骤 1：在任务栏最右侧，系统会显示当前网络连接状态，在此处单击右键，在弹出的快捷菜单中选择"设置网络项"，或者单击"开始"菜单→"设置"→"网络"→"有线网络"，弹出如图 1-27 所示的有线网络设置界面。

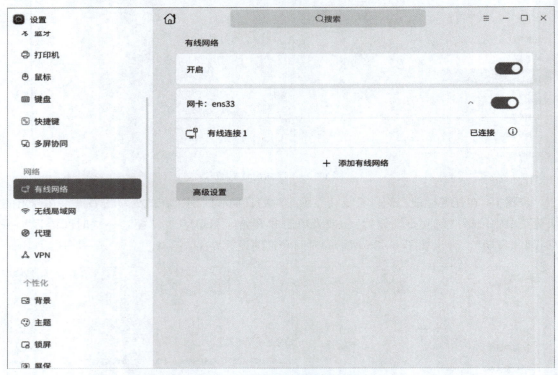

图 1-27 有线网络设置界面

步骤 2：可以查看网络连接状态、开启/关闭有线网络、添加新的有线网络，单击"高级设置"按钮，打开如图 1-28 所示的网络连接窗口。

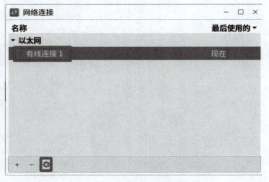

图 1-28 网络连接窗口

步骤3：单击"有线连接1",然后单击左下角的配置图标,打开如图1-29所示的网络编辑界面。

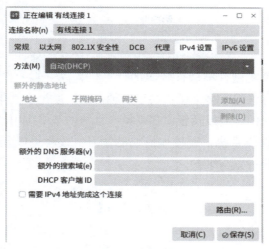

图1-29 网络编辑界面

步骤4：可以修改网络连接的名字,修改配置,其中最常用的是"IPv4 设置",在此标签页中设置是自动（DHCP）获取网络地址还是手动设定网络地址（一般选择自动获取,如需手动设置,需联系单位网络管理部门）。

任务要求5：连接无线网络。

步骤1：在任务栏最右侧,系统会显示当前无线网络连接状态,在此处单击右键,在弹出的快捷菜单中选择"设置网络项",或者单击"开始"菜单→"设置"→"网络"→"无线网络",弹出如图1-30所示的无线局域网设置界面。

图1-30 无线局域网设置界面

步骤 2：可以对无线网络进行开关管理。如第一次连接某个无线网络，在列表中找到对应的网络条目并单击，在弹出的窗口中输入无线网络密码即可。

小　　结

操作系统是管理计算机硬件与软件资源的计算机程序，它的作用是控制和管理系统资源，以尽量合理有效的方法组织多个用户共享多种资源。通过本模块的学习，读者了解了什么是操作系统、操作系统的分类以及银河麒麟操作系统的基本应用。银河麒麟操作系统是目前应用最为广泛的国产操作系统，通过本模块的学习，读者可以掌握该操作系统的基本操作、文件管理以及个性化设置与维护。

课后习题

一、单选题

1. "信息技术应用创新产业"的简称是（　　），它是数据安全、网络安全的基础。
   A. 信息创新　　　　B. 信创　　　　C. 信应　　　　D. 信新
2. 以下不是银河麒麟操作系统电源管理界面的功能的是（　　）。
   A. 睡眠　　　　　B. 重启　　　　C. 关机　　　　D. 充电
3. 银河麒麟操作系统的文件名最多包括（　　）个字符。
   A. 253　　　　　B. 254　　　　　C. 255　　　　　D. 256
4. 在银河麒麟操作系统中，（　　）不能作为文件名的一部分。
   A. @　　　　　　B. /　　　　　　C. #　　　　　　D. %
5. 在银河麒麟操作系统中，文件/文件夹名是否区分大小写？（　　）
   A. 是　　　　　　B. 否
6. 在银河麒麟操作系统中，（　　）一般存放用户创建的文件。
   A. /boot　　　　B. /dev　　　　C. /lib　　　　D. /数据盘
7. 在银河麒麟操作系统中，使用拖动来复制文件，需要在拖动文件的同时按住（　　）键。
   A. Shift　　　　B. Enter　　　　C. Ctrl　　　　D. F1
8. 在银河麒麟操作系统中，选择连续区域的文件需要使用（　　）键。
   A. Shift　　　　B. Enter　　　　C. Ctrl　　　　D. F1
9. 以下（　　）是 WPS 文本文档的扩展名。
   A. .jpeg　　　　B. .txt　　　　C. .wps　　　　D. .docx
10. 以下（　　）是文本文档的扩展名。
    A. .jpeg　　　　B. .txt　　　　C. .wps　　　　D. .docx
11. 以下（　　）是图片文件的扩展名。
    A. .jpeg　　　　B. .txt　　　　C. .wps　　　　D. .docx

二、多选题

1. 根据运行环境，操作系统可以分为（　　　）。
   A. 桌面操作系统　　　　　　　　　　　B. 手机操作系统
   C. 服务器操作系统　　　　　　　　　　D. 嵌入式操作系统
2. 下面选项中，是操作系统的有（　　　）。
   A. Windows　　　　　　　　　　　　　B. 银河麒麟
   C. 通信 UOS　　　　　　　　　　　　　D. macOS
3. 操作系统由（　　　）组成。
   A. 驱动程序　　　　B. 内核　　　　C. 接口库　　　　D. 外围
4. 操作系统按支持用户数，可以分为（　　　）。
   A. 单用户操作系统　　　　　　　　　　B. 个人操作系统
   C. 多用户操作系统　　　　　　　　　　D. 企业操作系统
5. 操作系统按源代码开放程度，可以分为（　　　）。
   A. 网络操作系统　　　　　　　　　　　B. 开源操作系统
   C. 实时操作系统　　　　　　　　　　　D. 闭源操作系统
6. 目前使用比较广泛的国产操作系统有（　　　）。
   A. 银河麒麟操作系统　　　　　　　　　B. 统信 UOS 桌面操作系统
   C. 深度操作系统　　　　　　　　　　　D. Windows 11 操作系统

模块二

信息检索

在这个信息爆炸的时代，知识并不是唾手可得的，课堂传授也非常短暂而有限，获取知识的一个关键前提就是要有信息意识。只有具备了很强的信息意识，才能将信息意识转变为寻求知识的行为，最终能够在有需求的时候发现、找到并且有效利用信息，这就要求具备娴熟的信息检索能力。

项目 1

信息检索基础知识

项目情境

某公司为每位员工配置一台电脑,并统一安装电脑的操作系统、浏览器、办公软件、专业工具等,现需要对浏览器进行一些统一的设置。这项任务要怎么完成呢?具体该如何操作?我们一起来帮帮他。

项目分析

QQ 浏览器是腾讯公司研发的浏览器,其功能强大,实用性强。可以通过浏览器设置功能对其工作方式和属性进行统一的设定,其中包含"常规""标签""手势与快捷键""高级""安全"五个方面的设置。

项目目标

(1)了解信息检索的相关知识。
(2)掌握浏览器的设置方法。

项目实施

任务 1　认识信息检索

在信息时代,如何快速、有效地感知和获取所需的信息呢?获取信息后,如何甄别和分析巨量信息并准确地找到有用信息呢?这就需要提高自身的信息素养,能够利用大量的信息工具来解决各种问题,学会信息检索的方法。信息检索技能是在校学习和今后工作的基本功,是终身学习的必备技能。

1. 信息检索的概念和方法

1)信息检索的概念

信息检索(Information Retrieval)是指信息的存储与检索,即信息按一定的方式组织起来,并根据用户的需要找出有关信息的过程和技术。其中,信息的存储是指对某一专业领域内的信息进行描述、加工并使其有序化，形成信息集合。信息的检索就是信息查询，即用户根据自身需要，按照一定的方法，借助检索工具，从信息集合中找出所需信息的过程。信息检索有广义和狭义之分，广义的信息检索包括信息存储和信息检索两个过程，狭义的信息检索是指信息检索过程。一般情况下，信息检索指的是广义的信息检索。

按检索对象的不同，信息检索可分为：

①文献检索。以文献（包括题录、文摘和全文）为对象的检索。

②数据检索。以数值或者数据（包括数据、图标和公式等）为对象的检索。

③事实检索。以某一客观事实为检索对象，查找某一事物发生的事件、地点，即过程的检索。

按检索对象获取的手段不同，信息检索可分为：

①手工检索。以手工的方式查询信息的一种检索手段，是一种传统的检索方法。

②计算机检索。用户在计算机网络终端上，使用特定的检索指令、检索词和检索策略，从计算机检索系统的数据库中检索出需要的信息的过程。

③智能化信息检索。基于自然语言的检索方法，机器根据用户所提供的以自然语言表述的检索要求进行分析，而后形成检索策略进行搜索的检索技术。

常用的信息检索技术包括：

①布尔逻辑检索。布尔逻辑检索是运用布尔逻辑运算符表示检索词之间的逻辑关系，然后由计算机通过相应的运算筛选出所需的信息。常用的布尔逻辑运算有逻辑与（AND）、逻辑或（OR）、逻辑非（NOT）三种。布尔逻辑检索过程如图2－1所示。

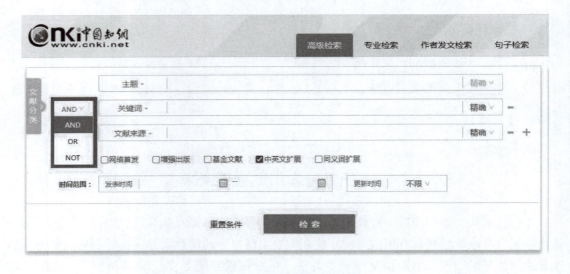

图2－1　布尔逻辑检索过程

②截词检索。截词检索是利用检索词的词干与截词符号搭配进行的检索，也称模糊检索或词干检索。截词符号一般常用的有"＊""#""?"等。根据截词位置的不同，截词检索分为前截词检索、中截词检索、后截词检索。

③限定检索。限定检索包含字段限定检索和二次检索。字段限定检索是指定检索词在某

个或某些特定字段中，计算机只对特定字段进行匹配运算，以提高检索效率和检准率。常见的检索限定字段包括主题、关键词、小标题、作者、刊名等。字段限定检索过程如图 2-2 所示。二次检索即"在结果中检索"，是指在前一次检索的结果中再指定检索词进行检索，从而获取更为理想的检索结果。二次检索过程如图 2-3 所示。

图 2-2　字段限定检索过程

图 2-3　二次检索过程

④位置检索。位置检索是对检索词在原始文献中相对位置的限定性检索。此种检索可以有效提高检准率，检索的结果不仅包含检索词，而且包含检索词在原始文献中符合特定位置要求的记录，相当于进行了词组检索。

2）信息检索的方法

综合以上信息检索基础知识，专业人员的信息检索一般会按以下步骤进行。

① 分析信息需求。

需求分析是十分重要的一步。只有做好了需求分析，才能提高检索效率，获得满意的检索结果。分析的内容包括：信息检索的目的和意义，以及与信息需求相关的专业知识。

② 选择信息源，确定检索工具。

根据信息需求分析的结果，合理选择信息源。如果需要使用检索工具，就要求选择出收录了符合信息需求类型的检索工具，同时，尽量满足检索质量高、信息时差短的检索工具。

③ 制订检索表达式并实施检索。

根据信息需求分析的结果，确定检索关键词，选择适当的检索技术，制订检索表达式，并实施检索。这一步非常关键，但往往不能一次成功。因此，需要根据检索结果进一步调整并完善检索表达式，直至获得最满意的检索结果。

④ 获取信息。

获取信息是信息检索的最终目的。获取的信息包括网页信息、有查看权限的全文、使用付费方式来获取的信息等。

要进行高效率的信息检索，需要我们个人具备较高的信息素养。信息素养的提高需要经过长期的、有意识的培养，在检索信息时，重视对检索的结果进行评价、总结、思考，不断积累经验。

3）信息检索工具

检索工具可分为两大类：一类是搜索引擎，常用的有百度、谷歌、知乎等，这类检索工具的特点是搜索方便，生活娱乐性强；另一类是检索数据库，常用的有中国知网、万方数据库、维普数据库等，这类检索工具的特点是学术性强，搜索的质量相对高。在实际应用中，需要根据检索信息的种类及具体的检索需求选择合适的检索工具。

2. 浏览器简介

浏览器是用来检索、展示以及传递 Web 信息资源的应用程序，是可以显示网页内容，并让用户与网页交互的一种软件。浏览器最基础的功能就是浏览网页，打开网页可以看新闻、看视频、玩游戏、购物等，除此之外，浏览器还可以用来下载文件、软件，进行一些内容操作等。

近年来，随着信息技术的发展，大数据技术已广泛融入人们的工作和生活中。同时，浏览器已成为企业的主要业务交互平台和承载平台，是用户浏览网页的重要入口，所有的访问都是从终端设备进入浏览器，用户需要本人身份信息才能登录访问数据。因此，数据安全问题已然成为大家非常关心的问题，人们的隐私防护意识越来越强。国家在重视大数据技术飞速发展的同时，也非常重视提高浏览器信息安全防范意识。

目前市面上主流的浏览器有 360、Microsoft Edge（微软浏览器）、Chrome（谷歌浏览器）、Firefox（火狐浏览器）、QQ、搜狗等。其中，Chrome 浏览器是由 Google 独立开发的一款浏览器，目前市场占有率第一。与此同时，360、QQ、搜狗、2345 等国产浏览器的市场占有率逐年提高，这些浏览器均有自己的亮点，符合中国人的使用习惯，同时具有强大的自主研制内核技术。下面简单介绍几款主流国产浏览器的特点：

1）360 浏览器（360 安全浏览器、360 极速浏览器）

360 浏览器是由 360 官方独家推出的浏览器，是中国使用人数最多的浏览器之一，同时也是最注重网络安全的浏览器。360 浏览器是一款浏览速度快、内存占用低、稳定好用的双核浏览器，基于全新 Chromium86 内核，共有十五大安全防护功能，同时还有无痕浏览和隔离模式。

2）QQ 浏览器

QQ 浏览器是由腾讯公司自主研发的浏览器，其独特的电脑技术为用户提供一个便捷、安全的上网平台，功能强大，实用性强。QQ 浏览器是一款具有极速浏览体验、内存占用低、内核性能强的浏览器，基于全新 Chromium94 内核，采用 DNT 防网站跟踪技术，最大限度地保护用户的个人隐私。

最新版本的 QQ 浏览器具备文档功能，支持 Word、Excel、PDF 等多种格式文档打开、编辑，融合了资讯、追剧、直播、收藏等多项优质内容服务，为用户提供了全新使用体验，同时，支持授权使用微信、内置多种实用小工具及拓展应用，为用户打造功能更加强大的浏览器。

3）搜狗浏览器

搜狗浏览器是搜狗公司推出的双核浏览器，其最新官方版是智能搜索导航工具，为用户建立最具特色的管理主题、智能搜索和同步最新的数据信息，建立有快速处理和智能文字排版功能，可以快速下载最新的应用和游戏内容。其依托搜狗人工智能、大数据处理等核心技术，提供丰富的内容资源和强大的搜索能力，带给用户全新的上网搜索体验。搜狗浏览器采用智能的 Chromium 内核，无论用户的电脑配置如何，都能享受到极速体验。

4）2345 浏览器

2345 浏览器是一款极速的浏览软件，主打极速与安全特性，为用户实现强大功能。其以智能化操作为特色，引入网页智能预加载技术，访问网页更快速，同时打造云安全中心，使用户信息更加安全。2345 浏览器基于 Chromium 深度定制，Chromium + IE 双核无缝智能切换，匹配不同网页，极速浏览的同时也确保兼容性。

除了上述浏览器外，世界之窗浏览器、猎豹浏览器、星愿浏览器、遨游浏览器等国产浏览器也占有一定的市场份额，可以说，国产浏览器发展前景广阔。

3. 浏览器的使用方法

浏览器是用来显示网页内容的一种客户程序软件，种类繁多。下面以 QQ 浏览器为例，简述其使用方法。

1）使用浏览器

①启动 QQ 浏览器。

启动 QQ 浏览器的方法很多，常用的有以下三种：

- 双击桌面上的 QQ 浏览器图标。
- 单击任务栏上的 QQ 浏览器图标。
- 单击"开始"→"所有程序"→"腾讯软件"→"QQ 浏览器"→命令。

②使用 QQ 浏览器访问网站。

启动 QQ 浏览器，在地址栏中输入要浏览的网址，然后按 Enter 键即可访问网站。在浏览网页时,利用浏览器地址栏前方的"后退""前进""刷新""主页"等按钮可以快速地查阅用户需要的信息。单击"菜单"→"网页另存为",可以"图片"或者"文件"形式保存该 Web 页面。通过选中部分文本后执行"复制""粘贴"命令,可以保存 Web 页面的部分文本。通过右击图片后执行"图片另存为"命令,可以保存 Web 页面中的图片。

③退出 QQ 浏览器。

退出 QQ 浏览器的常用方法有以下两种:
- 单击浏览器窗口右上角的"关闭"按钮。
- 在 QQ 浏览器窗口按 Alt + F4 组合键。

2)认识浏览器

QQ 浏览器窗口由标签栏、工具栏、地址栏、菜单栏、书签栏、侧边栏、页面窗口组成,如图 2-4 所示。各部分功能如下:

图 2-4　QQ 浏览器主窗口

①标签栏。标签栏位于 QQ 浏览器的最顶部,显示当前所浏览网页的标题。标签栏在其他浏览器中又叫选项卡。

②地址栏。地址栏位于标签栏的下方,在此输入网站的地址,然后按 Enter 键即可访问该网站。

③菜单栏。菜单由"设置""历史""下载""工具"和"帮助"等组成。浏览器所有的操作与设置都通过菜单命令进行。

④侧边栏。侧边栏主要是为用户提供简单的小应用,比如,腾讯会议、微信、收藏等,当用户需要使用该应用的时候,只需要单击即可,十分快捷方便。

⑤页面窗口。页面窗口是 QQ 浏览器的主窗口,用户访问的网页内容在此窗口显示。在浏览网页过程中,当鼠标指针放到某些文字或图片上后,指针会变成手状,这时单击鼠标左键,会自动跳转到该链接指向的网址。

3)浏览器书签的管理

QQ 浏览器中的书签,也叫收藏,用于保存用户经常访问的网址,位于浏览器地址栏的下方,也可通过菜单栏或者侧边栏进入。

在想要保存的网页界面单击书签栏最左边的"书签"按钮,选择"添加书签"即可保存该网页,如图 2-5 所示。在"整理书签"界面可以对已经保存的书签进行顺序调整、修改、删除、整理等操作。

图 2-5 添加书签界面

任务 2　为公司计算机进行浏览器设置

任务要求:打开统一安装的浏览器,跟着下面的步骤完成对浏览器的设置。

步骤 1:启动 QQ 浏览器,在主窗口里单击"菜单"→"设置",这时标签栏弹出"设置"窗口,在该窗口对浏览器进行设置。

步骤 2:"设置"窗口默认进入"常规设置"选项,选择"启动时打开"→"自定义网页或一组网页",单击"设置网页"按钮,在弹出的"启动页"对话框(图 2-6)中输入公司网站的网址,单击"确定"按钮。这样,每次启动浏览器时都会直接打开公司的主页。

图 2-6 启动页设置

步骤 3:选择"搜索引擎"后面的下拉选框,设定"百度"为浏览器默认的搜索引擎。

步骤 4:单击"下载设置"→"下载保存位置"后面的"更改"按钮,在弹出的"下载内容保存位置"对话框中选择保存的文件夹路径,单击"选择文件夹"按钮,如图 2-7 所示。这样,每次下载的文件都会直接保存到这个指定的文件夹里。然后根据工作需要对下载设置的其他选项进行设置。

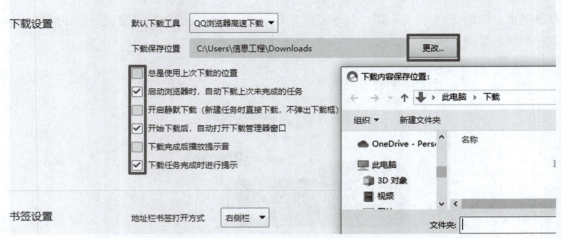

图 2-7 下载设置

步骤 5：按照步骤 4 的方法设置图片保存的位置。

步骤 6：在"功能按钮"下取消"显示皮肤按钮"和"显示游戏工具栏"两个选项。

步骤 7：选择"标签设置"选项，选择"新建标签时显示"→"自定义网页"，单击"设置网页"按钮，在弹出的"新建标签页打开"对话框中输入公司网站的网址，单击"确定"按钮。这样，新建标签页时都会直接打开的公司的主页。

步骤 8：选择"地址栏打开"后面的下拉选框，选择"在新标签前台打开"。

步骤 9：选择"高级"选项，在"安全与隐私"中单击"关闭推送服务"，在"网页浏览"中单击"下载 PDF 文件，而不是在浏览器里自动打开"和"下载 OFFICE 文件，而不是在浏览器里自动打开"，在"自动更新"中取消"开启自动更新"。

项目 2

常用信息检索技术的应用

项目情境

目前,信息检索主要的技术手段是"关键词检索"和"语义检索"。进一步地,模拟人类思维模式、活动模式的智能化信息检索技术也日益成熟,并已成熟地应用于电商平台、社交媒体等多个商业场景中,给我们的生活带来了极大的便利。结合工作学习的实际场景,本项目分别利用布尔逻辑检索、AI 检索、专用平台来完成各类信息的检索。

项目分析

(1)学习中,如何利用搜索引擎查阅相关文献,完成论文撰写?

中国知网中有大量的专业文献,可以为论文撰写提供一定的依据,对写作是非常有帮助的。布尔逻辑检索是最常用的检索手段,通过布尔逻辑检索可以快速检索出所需文献,并结合自身的专业知识完成论文的撰写。

(2)生活中,商业平台是如何为每位用户提供个性化服务的?

将 AI 技术与检索功能结合,基于推荐算法的系统影响用户的推荐结果,为每位用户提供个性化服务。

(3)面临就业的同学们应该如何获取各类就业信息,助力就业成功?

通过浏览国家级、省部级、学校官方就业网站获取就业相关信息和资料,可以有效拓宽求职选择面,提高就业招聘信息时效性,大大增加求职成功率。

项目目标

(1)熟练掌握文献的检索方法。

(2)了解结合算法推荐逻辑的 AI 检索。

(3)掌握通过专业平台进行信息检索的方法。

项目实施

任务1 布尔逻辑检索查找文献

任务要求：人工智能技术概论课程任课教师布置了一项作业，要求每位同学撰写一篇关于"大数据技术在高校信息化建设中的现状与发展"的论文。需要同学们利用搜索引擎查阅相关文献，并结合自身的专业知识完成论文的撰写。

知识储备：中国知网，全称中国学术期刊网络出版总库，简称 CNKI。知网上的资源非常丰富，涵盖自然科学、工程技术、人文与社会科学等诸多领域。知网是目前学术界公认的知识库平台，拥有最权威的学术资源，是重要的专业检索工具。通过知网，可以阅读大量的专业文献，这些文献可以为论文撰写提供一定的依据，对写作是非常有帮助的。布尔逻辑检索即运用布尔逻辑运算查找出所需的信息，是一种最为常见的检索方法。常用的布尔逻辑运算有逻辑与、逻辑或、逻辑非三种。逻辑与是指同时满足两个检索词的检索结果，逻辑或是指满足两个检索词中的任意一个的检索结果，逻辑非是指排除一个检索词的检索结果。

根据信息检索的流程、方法，首先分析、研究论文内容，本次论文专业技术性较强，因而选择中国知网作为检索工具，具体检索过程如下：

步骤1：启动 QQ 浏览器，在地址栏输入"https://www.cnki.net/"，登录中国知网。

步骤2：单击知网首页搜索栏右边的"高级检索"按钮，进入"高级检索"界面，如图 2-8 所示。

图 2-8 知网首页

步骤3：通过对论文要求的分析，确定检索的第一关键词为"大数据"，同时还需满足第二检索关键词"校园"，两个关键字之间用逻辑与连接。这时查看检索结果，发现会找到大量的文献，这意味着还需要进一步调整检索关键字。

步骤4：这篇论文是大数据专业技术性论文，可以不跟高校的思政元素结合，因此增加第三检索关键词"思政"，并用逻辑非连接进行全文检索。这时就可以把所有包含思政主题的文献排除。检索关键词的设置如图 2-9 所示。

图 2-9 设置检索关键词

步骤 5：由于大数据技术发展速度非常快，为了查阅最新技术，也可以设定检索的时间范围，比如 2022 年之后的所有文献。检索结果如图 2-10 所示。

图 2-10 检索结果

当然，在论文撰写过程中，可以根据更加具体的研究方向，进一步调整检索词，再根据查阅的结果进行反复大胆的调整，使得检索结果趋于理想。

对于检索结果，还需要进行阅读、整合并合理、合规使用。同学们在撰写论文时，一定要遵守学术规范，严格遵守国家法律法规，尊重他人劳动成果和技术权益。在论文撰写过程中，凡引用他人成果、数据、观点等信息时，务必明确说明并详细列出有关文献的名称、作者、年份等细节。

任务 2 结合算法推荐逻辑进行 AI 检索

任务要求：人工智能技术，简称 AI，已经逐步应用在生产和生活的方方面面。将 AI 与检索功能结合，基于推荐算法的推荐系统已经被广泛应用于各种场景，如短视频平台、电商平台、视频网站、咨询平台等。那么，如何在算法情境下影响推荐结果？推荐算法是如何为每位用户提供个性化服务的？

知识储备：在生产和生活中，当信息量超过了个人或系统所能接受、处理的范围时，这种情况就叫信息过载。比如，当浏览淘宝网站，心中没有购买目标时，不可能将所有物品都浏览一遍，这时就出现了信息过载现象。当用户出现信息过载现象时，系统基于一定的策略规则将海量信息进行一定的排序，并将排在前面的信息展示给用户，这样的系统就称为推荐系统。通俗来讲，推荐系统就是"千人千面"的个性化定制。比如，购物网站里面的"今日热卖""猜你喜欢"等模块，就是推荐系统基于一定的规则策略为用户计算出来的，这些规则策略就是算法推荐。

推荐算法目前有两大分支：一个是传统线性推荐算法，另一个是深度学习推荐算法。

传统推荐算法中最常见的是个性化推荐算法，通常分为三种：

（1）协同过滤（Collaborative Filtering），也称为基于用户的推荐算法。简单来说，就是你好友喜欢的你也可能会喜欢，比如抖音中把好友感兴趣的内容推荐给你。

（2）基于内容的推荐算法（Content Based Filtering）。简单来说，就是匹配内容的相似性，比如你在视频网站看了《中国好声音》，那么系统就会给你再推荐《我是歌手》等其他音乐类综艺。

（3）混合推荐算法（Hybrid）。该算法结合以上两种算法，综合考虑用户、内容、特征等信息。

研究者在探索人工智能的过程中，受到人脑神经网络工作机理的启发，设计出了"数字大脑"——人工神经网络。深度学习（Deep Learning）就源于人工神经网络的研究，可以简单理解为多层的神经网络模型，是一种特殊的机器学习。深度学习在海量数据情况下的表现出色，目前所有涉及人工智能技术应用的行业，基本都用到了深度学习模型。深度学习的知识体系庞大，专业性非常强，因此这里只做简单的介绍，不再赘述。

步骤1：选取3位具有不同兴趣爱好的同学作为任务对象。第一位，游戏博主的粉丝，设定为用户A；第二位，剧综类博主的粉丝，设定为用户B；第三位，科技类博主的粉丝，设定为用户C。

步骤2：准备一部闲置手机，恢复其出厂设置，在不安装SIM卡并且关闭定位的前提下，以访客身份登录微博。这样做是为了设定一个原始账号作为参照，原始账号反映的是没有任何兴趣爱好的情况下微博内容的推送。

步骤3：要求被选的3位同学每日重复如下操作：搜索与自己兴趣相关的3个关键词并单击搜索结果靠前的任意3条信息；点赞并转发3条与自己兴趣相关的微博；单击浏览微博推荐中3条与自己兴趣相关的内容。

步骤4：在连续3天进行以上操作后，我们来观察之后的3天微博给3位同学及原始账号推荐的微博内容，取前30条内容进行统计。统计后，同学们发现了什么现象？

经过统计发现：用户A，游戏粉丝，游戏类内容推荐占全部推荐内容的46.7%，其他3个用户游戏类内容推荐占比在13%~31%之间。用户B，剧综粉丝，娱乐类内容推荐占全部推荐内容的56.7%，其他3个用户娱乐类内容推荐占比均低于该用户。用户C，科技爱好者，科技类内容推荐占全部推荐内容的34.4%，远远高于其他3个用户科技类内容推荐的比例，至少是其他用户的8倍。具体内容推荐统计数据见表2-1。

表2-1　设定用户与原始账号的内容推荐统计分析

用户	游戏	科技	综艺+电视剧	其他
用户A	42	1	37	10
用户B	14	4	51	21
用户C	28	31	24	7
原始账号	12	2	41	35

步骤5：对统计的数据进行分析，不难看出，3位有兴趣偏好的用户在内容推送上均表现出了明显的推送偏向，他们的推送比例均超过了原始账号，这说明用户的兴趣偏好对微博个性化推送产生了影响，这就是个性化推荐算法下的"私人订制"。

任务3　通过专用平台进行信息检索

任务要求：临近毕业，同学们面临就业这个人生中重要的抉择，那么应该如何快速、安全地获取各种就业信息，助力就业成功呢？

知识储备：就业信息是指通过各种媒介传递的与就业相关的消息或情况。通过对就业信息的检索，不仅可以获取相关信息和资料，还可以借鉴别人的经验教训，助力就业成功。个人获取就业信息的量和质以及应用这些信息的能力决定了就业的成功率。招聘信息量越多，求职选择面越宽；招聘信息越及时，求职主动性越强；招聘信息质量越高，求职成功把握越大。通常可以通过以下渠道进行就业信息的检索、收集。

（1）国家级指导就业的主管部门的就业网站，如中华人民共和国人力资源和社会保障部中国就业网（http://chinajob.mohrss.gov.cn/）、教育部学生服务与素质发展中心（https://chesicc.chsi.com.cn/）等。

（2）省市级指导就业的主管部门的就业网站，如天津市大学生就业创业信息网（http://www.tjbys.com/）等。

（3）学校的就业主管部门的网站。

（4）求职网站，如智联招聘、前程无忧等。

步骤1：通过浏览国家级就业网站了解就业政策，关注全国性的大型招聘活动。通过浏览省市级就业网站，了解当地的就业政策，关注当地组织的招聘会。当学习所在的城市与就业所在的城市不一致的时候，两个城市的就业信息都应该关注，尤其要侧重就业所在的城市的信息。

步骤2：随时关注学校就业网站。及时了解各地举办的双选招聘会信息、用人单位的需求信息等，如图2-11所示。学校提供的就业相关信息，从数量到质量，优势明显，是同学们获得就业信息的主要渠道。

图 2-11　学校就业网站信息

不仅要关注用人单位的招聘信息，同时还应该关注政策法规、就业趋势等宏观信息。比如学校发布的毕业生就业质量报告，里面包含当年毕业生就业去向分析、主要签约企业情况、下一年就业趋势的研判等信息，也是就业的重要参考信息。

除了关注本校的就业网，也可关注其他学校的就业网，里面的宣讲会信息、招聘信息一般都是对外公开的。通过搜索引擎，输入关键词"××大学就业网"，就可以找到各学校就业网的链接。获取用人单位的宣讲会时间、地点以及简历投递邮箱等信息后，就可以参加宣讲会或者是通过网络投递简历。

同时，随时关注各种求职网站。现在很多用人单位都直接通过网络发布招聘信息，通过这类网站可以掌握大量的招聘信息。在这类网站求职时，要注意防范各种求职陷阱，比如高薪陷阱、押金陷阱、中介陷阱等，并且在应聘过程中注意个人信息的保密。

步骤3：在搜集大量就业信息后，要整理这些信息，这样才能够使其发挥最大的效用。全面收集信息后，可以按照不同用人单位、求职意向的地域范围及求职成功的可能性大小等进行归类整理，把重点信息标注出来，一般信息作为参考，建立个人的就业信息集合，以方便后期使用。

步骤4：求职成功后，要通过专业网站查验企业的信用和资质，确保完全。比如，登录天眼查（https://www.tianyancha.com/），在主界面输入公司全称，单击"天眼一下"按钮即可查询该公司的经营状态、法人代表等信息，如图2-12所示。

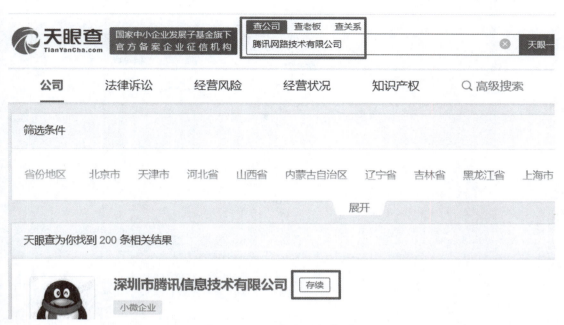

图 2–12 "天眼查"查询结果

小 结

大数据时代，信息无处不在，人们的生活时时刻刻被信息改变。信息已然成为这个时代最具决定意义的关键要素。在信息海洋中准确、高效地获取有用的信息，合理、规范地使用信息，是现代社会的基本素养和能力。本模块先介绍了信息检索的概念、原理、方法及工具，再对浏览器进行了简单介绍，最后通过任务详细介绍了浏览器的设置、信息检索的方法及推荐算法下的 AI 检索过程。

课后练习

1. 朋友是个电脑小白，需要你帮助他下载安装一款浏览速度快、稳定好用的浏览器，并且帮助他对浏览器进行初始设置，你应该怎么做？

2. 试帮助一个糖尿病患者检索其所在城市治疗糖尿病最好的医院、最权威的医生及最新治疗方法等信息。

3. 假如你就职于某公司的企划部，领导要求你写一份本公司的网络营销策划方案，但是你没有这方面的资料，应该怎么办呢？查找资料使用哪种搜索工具比较好？使用搜索工具查阅资料时，搜索的关键字怎么设置？

4. 朋友准备到四川成都去旅游，想提前预订酒店。他希望住宿地点交通便利，最好距锦里古街较近，价格在每天 300 元人民币左右。请帮他找到符合要求的住处。

模块三

WPS文字

2016年4月19日，习近平总书记在网信工作座谈会上指出："核心技术受制于人是我们最大的隐患。"2016年10月9日，习近平总书记在中共中央政治局第三十六次集体学习时强调，"要紧紧牵住核心技术自主创新这个'牛鼻子'，抓紧突破网络发展的前沿技术和具有国际竞争力的关键核心技术。"2022年10月16日，习近平总书记在中国共产党第二十次全国代表大会上的报告指出：建设现代化产业体系，推动战略性新兴产业融合集群发展，构建新一代信息技术、人工智能、生物技术、新能源、新材料、高端装备、绿色环保等一批新的增长引擎。实践证明，信息技术应用创新发展是目前的一项国家战略，也是当今形势下国家经济发展的新动能。

信创是信息技术应用创新的简称。信创产业主要包括新一代信息技术下的云计算、软件（操作系统、中间件、数据库、各类应用软件）、硬件（芯片、GPU/CPU、主机、各类终端）、安全（网络安全）等领域，涵盖了从IT底层基础软硬件到上层应用软件的全产业链的安全可控、自主创新等重要课题。

北京金山办公软件股份有限公司（简称"金山办公"）是国内领先的办公软件和服务提供商，主要从事WPS Office办公软件相关产品和服务的设计研发与销售推广。其服务用户涵盖党政机关、金融、能源、航空、医疗、教育等重要领域。截至2022年，金山办公为来自全球220多个国家和地区提供办公服务，每个月全球有超过3.1亿用户使用其产品进行创作。金山办公加速公司信创产品的渗透，已累计和300余家国内办公生态伙伴完成产品适配，与龙芯、飞腾、鲲鹏、统信、麒麟、长城等基础厂商紧密合作。其自主研发的WPS Office Linux版已经全面支持国产整机平台和国产操作系统，已在国家多项重大示范工程项目中完成系统适配和应用推广。

项目 1

WPS Office 的安装与认识

项目情境

大一新生找到滨小职同学，请他帮助安装 WPS Office 免费个人版。我们也跟着滨小职的操作完成 WPS Office 的安装吧。

项目分析

（1） WPS Office 在哪里获取？
在浏览器中登录金山办公的官方网址，按照提示信息下载 WPS Office。
（2） WPS Office 的最新版本是什么？
最新版本于 2023 年冬季更新，如图 3－1 所示。

图 3－1　WPS Office 的最新版本

（3） WPS Office 如何安装？
在本地计算机中，找到并下载 WPS Office，鼠标双击 WPS Office 运行程序，按照安装向导的提示信息，即可完成软件的安装。
（4） WPS Office 好学吗？
WPS Office 属于办公软件，学起来不难，跟着教材中的操作步骤和视频边操作边学，多练习操作过程，只要用心，肯定能学会。

项目目标

（1） 了解软件下载的相关网站。
（2） 掌握 WPS Office 软件下载操作。
（3） 安装 WPS Office 软件。

项目实施

任务 1　WPS Office 安装

在素材文件中找到 WPS Office 的安装文件 "WPS_Setup_12598.exe",跟着下面的实施步骤完成办公软件的安装。

步骤 1:双击 "WPS_Setup_16388.exe" 文件,如图 3-2 所示,进入安装向导。

WPS_Setup_16388　　　　　　　　　2024/3/3 15:26　　　应用程序　　　229,835 KB

图 3-2　WPS 文件路径

步骤 2:按照安装向导的提示,选择"已阅读并同意金山办公软件 许可协议和隐私政策"复选项,单击"立即安装"按钮,如图 3-3~图 3-5 所示。

图 3-3　安装向导 1

图 3-4　安装向导 2

图 3-5 安装向导 3

步骤 3：用户通过手机号、微信、WPS 扫码等多种方式登录 WPS 界面，如图 3-6 所示。

图 3-6 WPS 界面

步骤 4：单击"新建"→"新建文字"→"空白文档"，如图 3-7 所示，创建 WPS 文字临时文件"文字文稿 1"。

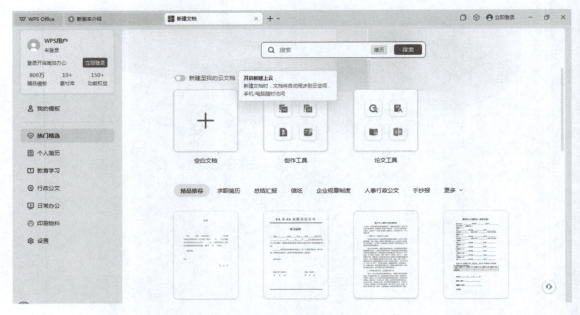

图 3-7　新建文字

任务 2　WPS Office 的认识

WPS（Word Processing System）文字编辑系统是金山软件公司的一款办公软件。其可以帮助用户处理日常办公工作的方方面面，如查阅 Word、PPT、Excel 等办公文档，甚至提供数据修复、格式转换等多种功能。可以让用户拥有很高的办公效率、集成笔记、思维导图等。WPS Office 具有内存占用低、运行速度快、云功能多、强大的插件平台支持、免费提供在线存储空间及文档模板的优点。作为 WPS 官方新功能首发，长期、持续、免费发布，保持每月至少一次的更新频率，WPS Office 主打最适合国人使用的办公软件品牌。

WPS 文字是 WPS Office 办公软件核心模块之一，采用清新的界面风格、使用户能快速完成文档编辑、排版、审阅及校对等文字处理工作。本模块通过 6 个项目全面、系统地讲解 WPS 文字的安装、使用方法，主要包括文字编辑、表格制作、图文排版、长文档编辑、邮件合并等内容。教育部考试中心宣布 WPS Office 作为全国计算机等级考试（NCRE）的一级、二级考试科目之一。国务院发布的职教二十条，WPS 办公应用职业技能等级证书是办公应用领域唯一入围的"1+X"技能等级证书。

WPS 文字窗口由标题栏、菜单栏、编辑区、状态栏、视图模式 5 部分组成，如图 3-8 所示。

1. 标题栏

标题栏位于窗口的顶部，包括首页、稻壳模板、WPS 文件名、登录账号、"最小化"按钮、"最大化"/"还原"按钮、"关闭"按钮。

图 3-8　WPS 文字窗口

2. 菜单栏

菜单栏位于标题栏下方，包括文件、快速访问工具栏、菜单选项卡。WPS 文字大部分功能在此部分。

3. 编辑区

WPS 文字编辑区域，所见即所得。

4. 状态栏

状态栏在窗口的底部，显示当前文档的页数、字数、视图模式、缩放比例。

5. 视图模式

视图模式包括页面视图、大纲、阅读版式、Web 版式视图、书写模式，如图 3-9 所示。

● 页面视图可以显示 Word 文档的打印外观，包括页眉、页脚、页边距、分栏设置、图形对象等元素。

● 以大纲的形式来显示整篇文档，可迅速了解文档的结构和内容梗概，在这种视图模式下，可以在文档中创建标题和移动整个段落。

● 阅读版式是专为方便阅读所设计的视图方式。在这种视图模式下，不能编辑文档。

● Web 版式视图是以网页的形式显示文档，这种文档方式适合发送电子邮件和创建网页。

● 书写模式，Word 文档为方便用户创作而新增了一个写作模式，开启该模式之后，用户就能纵览目录标题，在写作内容和大纲之间切换，得到总体把握。

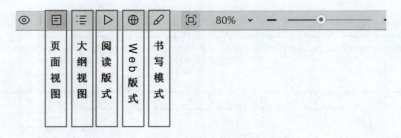

图 3-9　WPS 文字窗口组成

项目 2

技能挑战赛通知的制作

项目情境

新学期开学之际,学院要组织一年一度的学生技能大赛,人工智能学院举办全校范围的"WPS Office 技能挑战赛",需要滨小职同学制作竞赛通知的电子文档。电子文档用什么工具来完成?具体该怎么操作?相应的格式又该怎么设置呢?我们一起来帮帮他。

项目分析

(1) 使用什么工具来完成竞赛通知?

WPS Office 一站式办公服务平台,具有可兼容 Word、Excel、PPT 三大办公组件的不同格式,支持 PDF 文档的编辑与格式转换集成思维导图、流程图、表单等功能。WPS 文字可以完成简单的文档和复杂的稿件,能够帮助用户轻松创建并编辑这些文档。学好 WPS 文字有助于就业需求,可以从事文档编辑工作。所以要学好 WPS Office。

(2) WPS 文字具体能做什么?

WPS 文字是专门用来处理"文字"的应用软件,它集编辑与打印为一体,具有丰富的全屏幕编辑功能,而且还提供了各种控制输出格式及打印功能,使打印出的文稿既美观又规范,基本能满足各界文字工作者编辑、打印各种文件的需要和要求。

(3) WPS 文字怎么设置格式?

使用 WPS 文字可以进行字体格式、段落格式等编辑。

要有认真、用心的学习态度,培养规范、高效的工作理念,提升审美素养。

(4) 如何快速制作精美的电子文档?

利用模板快速设计;精心选择字体和颜色;插入图表和图片;利用段落样式提升排版效果;使用批注和修订功能进行团队协作;合理设置文档的页眉页脚和面边距;导出为多种格式分享和发布。

项目目标

(1) 熟练掌握 WPS 文字基本操作。
(2) 熟练掌握文字设置、段落设置。
(3) 独立完成技能挑战赛通知的设置。

(4) WPS 文字必会基本操作。

项目实施

任务1　新文档的创建

任务要求：新建文档，保存到 D 盘根目录，文件名为挑战赛通知.wps。

知识储备1：WPS 文字启动的2种方法

(1) 双击桌面 WPS Office 图标，启动 WPS 软件。

(2) 单击屏幕左下方"开始"→"所有程序"→"WPS Office"文件夹→"WPS Office"选项，启动 WPS 软件。

知识储备2：WPS 文字退出的3种方法

(1) 单击标题栏右侧的"×"按钮。

(2) 单击菜单"文件"→"退出"命令。

(3) 按快捷键 Alt + F4。

知识储备3："新建"文档的4种方法

(1) 启动 WPS 软件，单击"首页"→"新建"→"新建文字"→"空白文档"。

(2) 启动 WPS 软件，单击菜单"文件"→"新建"→"新建▶"→"新建文字"→"空白文档"。

(3) 启动 WPS 软件，单击标题栏中的" + "按钮。

(4) 启动 WPS 软件，按快捷键 Ctrl + N。

知识储备4："保存"与"另存为"

新文档首次单击"保存"或"另存为"命令，都会弹出"另存为"对话框，输入文件名，选择保存路径和保存类型后，单击"确定"按钮，文件保存成功。

(1) "保存"与"另存为"的不同。

- 再次单击"保存"命令，文件内容会保存在原文件中。

- 单击"另存为"命令，弹出"另存为"对话框，需要重新选择保存路径，输入文件名，确定保存类型，单击"确定"按钮。新保存的文件处于打开状态，可以在新文件中编辑。

(2) 按"保存"快捷键 Ctrl + S。

(3) 单击"快速访问工具栏"中的"保存"按钮，如图 3 – 10 所示。

图 3 – 10　快速工具访问栏

知识储备5：文件名命名规则

文件名的命名规则归纳起来主要有以下4个：

(1) 文件名最长可以使用 255 个字符，相当于 127 个中文字。

(2) 可以使用扩展名，扩展名用来表示文件类型，也可以使用多间隔符的扩展名，如

win. ini. txt 是一个合法的文件名，但其文件类型由最后一个扩展名决定。

（3）文件名中允许使用空格，但不允许使用下列字符（英文输入法状态）：＞、／、\、｜、：、"、*、?。

（4）Windows 系统对文件名中字母的大小写在显示时有不同，但在使用时不区分大小写。

第一次保存文件时，WPS 文字会将文档中的第一个字到第一个换行符号或标点符号间的文字作为默认文件名，用户可以根据实际需要选择是否修改。

知识储备 6：文件类型

WPS 文字可以使用多种类型保存，不同的文件类型对应的扩展名、图标不相同。WPS 文字提供的可保存类型包括 *.wps、*.wpt、*.doc、*.dot、*.rtf、*.txt、*.docx、*.dotx、*.docm、*.dotm、*.xml、*.mhtml、*.htm、*.pdf 等。

知识储备 7：打开已有文件

启动 WPS Office，选择菜单栏"文件"→"打开"按钮，在"打开文件"对话框中选择文件，单击"打开"按钮。

知识储备 8：关闭文件

关闭文件前，进行"保存"操作。关闭文件，WPS Office 软件不会关闭。

在标题栏位置找到要关闭的文件名，单击文件名右侧的"关闭"按钮。

知识储备 9：退出 WPS Office

单击标题栏最右侧的"关闭"按钮，或选择菜单栏"文件"→"退出"命令，WPS Office 软件关闭。

知识储备 10：文字输入与换行

输入文字：在要输入文字的位置单击鼠标左键，定位光标，光标闪烁作为提示。

换行：按 Enter 键换行，光标在下一行闪烁。

步骤 1：选择"首页"→"新建"→"新建文字"→"空白文档"。

步骤 2：选择菜单"文件"→"保存"，弹出"另存为"对话框，在对话框左侧单击"此电脑"，在对话框中间位置选择"D:"，设置文件名为挑战赛通知，保存类型为"WPS 文字 文件(*.wps)"，单击"保存"按钮，如图 3-11 所示。

图 3-11 "另存为"对话框

任务 2 页面布局设置

任务要求：将新文件的页边距上、下、左、右均设置为 2.5 cm，从"3.2 任务要求与素材.wps"文件中复制除任务要求外的其他文本到新文件。

知识储备 1：页面设置

适当调整页面设置，能使文档的整体布局更加合理、舒适。

（1）选择"页面布局"选项卡，可调整页边距、纸张方向、纸张大小、分栏、文字方向等，如图 3-12 所示。

模块 3
项目 2 任务 2

图 3-12 "页面设置"选项卡

（2）单击"页面布局"选项卡右下角的"⌐"符号，打开"页面设置"对话框，如图 3-13 所示。

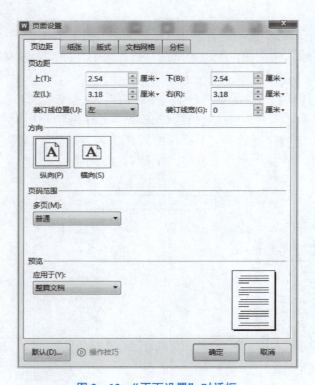

图 3-13 "页面设置"对话框

知识储备2:"页边距"选项卡

(1)页边距:是指正文与页面边缘的距离,一般在上边距和下边距的位置插入文字和图片,如页眉、页脚等。

(2)方向:纸张方向有纵向和横向。纵向是指打印文档时,纸张短边为页面上边,此项为默认选项。横向指打印文档时,纸张长边为页面上边。

知识储备3:"纸张"选项卡

纸张大小:默认为"A4",如需更改,单击命令右侧的下拉按钮,在下拉菜单中选择合适的纸张。若没有选择到合适的纸张,可选择"其他页面大小(A)…",在弹出的"页面设置"对话框中选择"纸张"选项卡,在"纸张大小"中选择"自定义大小",修改宽度和高度,如图3-14所示。

图3-14 自定义纸张大小

知识储备4:"分栏"选项卡

可对文本进行一栏、两栏、三栏的分栏设置,如需更多分栏,单击"页面"选项卡"分栏"命令右侧下拉按钮,选择"更多分栏(C)…"命令,"宽度和间距"可以设置相等的栏宽,也可以手动设置不同的栏宽。根据需要选择是否设置"分隔线",如图3-15所示。单击"确定"按钮,完成分栏。

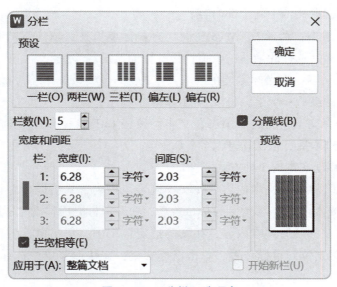

图3-15 "分栏"选项卡

知识储备 5：文字方向

"文字方向"有水平方向、垂直方向从右往左、垂直方向从左往后、所有文字顺时针旋转 90°、所有文字逆时针旋转 90°、中文字符逆时针旋转 90°。在"应用于…"中，可以选择文字应用的范围，如图 3-16 所示。

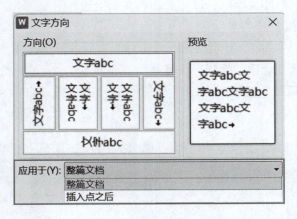

图 3-16 "文字方向"对话框

知识储备 6：选择文本

根据所选文本的篇幅和区域，有 6 种选取文本的方法。

（1）选择整行文本：鼠标放在文档左侧页边距位置，变为白色右斜上箭头时，单击鼠标左键，可选取鼠标对应的整行文本。

（2）选择整段文本：鼠标放在文档左侧页边距位置，变为白色右斜上箭头时，双击鼠标左键，可选取鼠标对应的整段文本。

（3）选择文档全部内容：鼠标放在文档左侧页边距位置，变为白色右斜上箭头时，三击鼠标左键，即可选取文档中的全部内容。

（4）选择少量文本：选择的文字较少时，将鼠标放置在选取文本的第一个字前，单击鼠标左键并拖动鼠标到选择的最后一个字，松开鼠标左键。

（5）选择大量文本：将光标定位在选取文本的第一个字前，按住 Shift 键不松手，同时鼠标单击选取文本的最后一个字，松开 Shift 键。

（6）不连续选择文本：先选取第一段文本。按住 Ctrl 键不松手，单击鼠标选取不相连的文本，文本全部选取后，依次松开鼠标、Ctrl 键。

知识储备 7：移动文本的 3 种方法

（1）鼠标选取要移动的文本内容，在文本选定范围内，单击鼠标左键并拖曳文本，文档出现一个虚线的光标提示，移动到目标位置后，松开鼠标完成移动文本操作。

（2）鼠标选取要移动的文本内容，在文本选定范围内，单击鼠标右键，在快捷菜单中选择"剪切"，鼠标定位到目标位置，单击鼠标右键，在快捷菜单中选择"粘贴"，完成移动文本操作。

（3）鼠标选取要移动的文本内容，按 Ctrl + X 组合键，将鼠标定位到目标位置，按

Ctrl + V 组合键，完成移动文本操作。

知识储备 8：复制文本的 3 种方法

（1）鼠标选取要复制的文本内容，在文本选定范围内，按 Ctrl 键不松手，单击鼠标左键拖曳文本，在鼠标的右下方出现"＋"，根据虚线光标提示，到目标位置后，依次松开鼠标左键、Ctrl 键完成复制文本操作。

（2）鼠标选取要复制的文本内容，在文本选定范围内，单击鼠标右键，在快捷菜单中选择"复制"，鼠标定位到目标位置，单击鼠标右键，在快捷菜单中选择"粘贴"，完成复制文本操作。

（3）鼠标选取要复制的文本内容，按 Ctrl + C 组合键，鼠标定位到目标位置，按 Ctrl + V 组合键，完成复制文本操作。

知识储备 9：常用快捷键

表 3 – 1 中为使用频率较高的快捷键。

表 3 – 1　部分快捷键

功能	快捷键	功能	快捷键	功能	快捷键
新建文档	Ctrl + N	剪切	Ctrl + X	保存	Ctrl + S
打开文档	Ctrl + O	复制	Ctrl + C	撤销	Ctrl + Z
关闭文档	Ctrl + W	粘贴	Ctrl + V	全选	Ctrl + A

知识储备 10：退格键

退格键是键盘上的 Backspace 键，可删除光标前面的文本，每按一下退格键，可删除光标前面的一个字符。

知识储备 11：删除键

删除键是键盘上的 Delete 键，可删除光标后面的文本，每按一下 Delete 键，可删除光标后面的一个字符。

步骤 1：在"挑战赛通知.wps"中，选择"页面布局"选项卡，在"页边距"命令右侧修改上、下、左、右页边距的值为 2.5 cm，如图 3 – 17 所示。

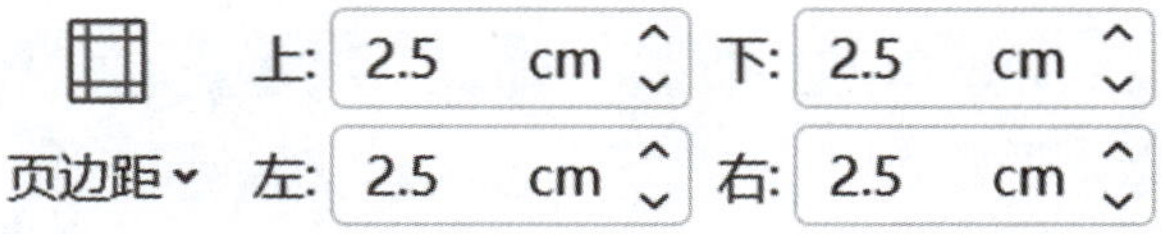

图 3 – 17　设置页边距

步骤 2：在"3.2 任务要求与素材.wps"中选取需要复制的文本，按快捷键 Ctrl + C。

步骤 3：选择新建并保存的"挑战赛通知.wps"文件，此时文件编辑区为空白。当前光标闪烁时，按快捷键 Ctrl + V，将复制的文字粘贴到新文件中。

任务3　字体设置

任务要求1：设置标题"WPS Office技能挑战赛通知"格式：华文琥珀、二号、居中对齐、字符间距加宽：1磅，段前间距0.5行，段后间距1行。

知识储备1：字体

在Windows系统中，默认配置的字体有中文字体和西文字体。常见中文字体有宋体、微软雅黑、仿宋、黑体、方正姚体、华文行楷、楷体、方正舒体、幼圆、华文中宋、隶书、黑体等。

模块3
项目2任务3

知识储备2：字号

描述字号的单位有两种：一种是汉字的字号，如初号、小初、一号、……、八号，数值越大，字越小。中文字号共16种。另一种是以"磅"为单位表示的，如5、5.5、…、72，数值越大，字越大。字号设置在1~1 638磅之间，如图3-18所示。

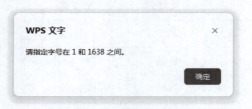

图3-18　字号范围提示

步骤1：选取标题文本"WPS Office技能挑战赛通知"，选择"开始"选项卡，设置字体：华文琥珀、字号：二号、居中对齐，如图3-19所示。

图3-19　字体、字号、居中对齐命令

步骤2：单击"字体"组右下方的"⌐"符号，在"字体"对话框中选择"字符间距"选项卡，设置间距：加宽、值：1磅，如图3-20所示，单击"确定"按钮。

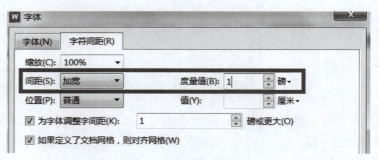

图3-20　设置字符间距

步骤3：单击"段落"组右下方的"⌐"符号，在"段落"对话框中，设置段前间距：0.5 行，段后间距：1 行。如图 3 – 21 所示，单击"确定"按钮。

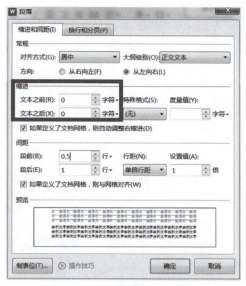

图 3 – 21 "段落"对话框

任务要求 2：调整正文顺序，将正文"二、竞赛方式和内容"中的（二）与（一）顺序调整正确。

步骤1：选取"二、竞赛方式和内容"中（一）部分的全部内容。
步骤2：在所选取文本的范围内单击鼠标左键，移动鼠标，使虚线光标移动至（二）之前，松开鼠标完成位置调整。

任务4 段落设置

任务要求 1：设置正文格式：宋体/Times New Roman、小四、1.5 倍行距、首行缩进 2 字符。将正文标题部分（共 6 个）"加粗"，段前间距 0.5 行。正文第一个字设置为"首字下沉"。

步骤1：选取正文文本。
步骤2：选择"开始"选项卡，单击"字体"组右下方的"⌐"符号，在"字体"对话框中设置中文字体：宋体、西文字体：Times New Roman、字号：小四，单击"确定"按钮。

模块3
项目2任务4

步骤3：单击"段落"组右下方的"⌐"符号，在"段落"对话框中设置行距：1.5 倍行距、特殊格式：首行缩进、度量值：2 字符，单击"确定"按钮。
步骤4：选择正文中的 6 个标题。使用 Ctrl 键不连续选取标题文本（一、竞赛时间和地点；二、竞赛方式和内容；三、参赛对象；四、竞赛组织机构；五、评分办法及奖项设定；

六、申诉与仲裁），单击"开始"选项卡"字体"选项组中的"B"命令。

步骤5：单击"段落"组右下方的"⌐"符号，在"段落"对话框中设置段前间距：0.5行，单击"确定"按钮。

步骤6：将光标定位在正文第一段落的任意位置，选择"插入"→"首字下沉"，在"首字下沉"对话框中，位置选择"下沉"，单击"确定"按钮，如图3－22所示。

图3－22 "首字下沉"对话框

任务要求2：将文中"六、申诉与仲裁"部分所有"考生"替换为"参赛选手"，格式：华文新魏、深红、加粗。

步骤1：选取"六、申诉与仲裁"部分所有文本，共13行。

步骤2：单击"开始"→"查找与替换"→"替换"，弹出"查找与替换"对话框。

步骤3：在"查找内容"右侧的文本框中输入"考生"。

步骤4：在"替换为"右侧的文本框中输入"参赛选手"。

步骤5：单击"格式(O)▼"→"字体(F)…"，如图3－23所示。

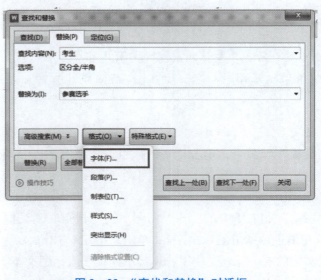

图3－23 "查找和替换"对话框

模块三　WPS 文字

步骤 6：在"替换字体"对话框中，设置中文字体：华文新魏、字体颜色：深红、字形：加粗，单击"确定"按钮。

步骤 7：返回"查找和替换"对话框，单击"全部替换"按钮，如图 3 – 24 所示。

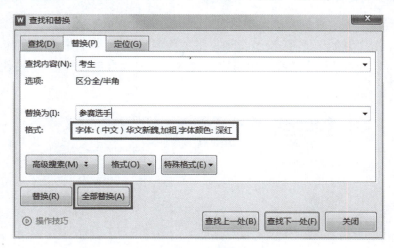

图 3 – 24　全部替换

步骤 8：信息提示框"完成 3 处替换，是否查找文档其他部分？"，单击"取消"按钮。如图 3 – 25 所示，根据提示信息依次单击"确定"按钮，再单击"关闭"按钮。

图 3 – 25　信息提示

> **任务要求 3**：为文中"二、竞赛方式和内容（一）竞赛方式"下方的文本自动生成编号"1、2、3、…"，首行缩进 2 字符。

知识储备 1：项目符号

项目符号是放在文本前的点或其他符号，起到强调作用。

知识储备 2：编号

编号可使文档条理清楚和重点突出，提高文档编辑速度。合理使用项目符号和编号，可以使文档的层次结构更清晰、更有条理。

步骤 1：选取文本内容。

步骤 2：单击"开始"选项卡"段落"组"编号"下拉菜单，选取编号。

步骤 3：单击"开始"选项卡"段落"组右下方的"⌐"符号，在"段落"对话框中设置特殊格式：首行缩进，度量值：2 字符，单击"确定"按钮。

任务要求4：为文中"五、评分方法及奖项设定（一）评分方法1. 创造性"下方文本自动生成编号"［1］、［2］、［3］、…"，首行缩进2字符。并为"2. 艺术性""3. 技术性"下方的文本自动生成编号。

步骤1：选取"五、评分方法及奖项设定（一）评分方法1. 创造性"下方4行文本。

步骤2：单击"开始"选项卡"段落"组"编号"下拉菜单中的"自定义编号"，在"项目符号和编号"对话框中选择一组阿拉伯数字，单击"自定义(I)…"按钮，如图3-26所示。

图3-26 "项目符号和编号"对话框

步骤3：在"自定义编号列表"对话框中，将光标定位在编号格式下方文本框最左侧，输入"［"、将光标定位在数字右侧，输入"］"，如图3-27所示，单击"确定"按钮。

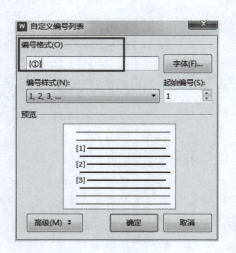

图3-27 自定义编号

步骤4：单击"段落"组右下方的"⌐"符号，在"段落"对话框中，设置特殊格式：首行缩进，度量值：2字符，单击"确定"按钮。

步骤 5：分别为"2. 艺术性""3. 技术性"中的文本自动编号，操作方法同步骤 2～步骤 4。

> **任务要求 5**：为文中"五、评分方法及奖项设定（二）奖项设定"中的文本添加项目符号"Ø"，首行缩进 2 字符。

步骤 1：选取"五、评分方法及奖项设定（二）奖项设定"下的文本。
步骤 2：单击"开始"选项卡"段落"组"插入项目符号"下拉菜单，选取"Ø"。
步骤 3：单击"段落"组右下方的"⌐"符号，在"段落"对话框中，设置特殊格式：首行缩进，度量值：2 字符，单击"确定"按钮。

> **任务要求 6**：为文中最后三行文本设置格式：宋体、小四、右对齐。

步骤 1：选取文章最后三行文本。
步骤 2：单击"开始"选项卡"字体"组，设置字体：宋体、字号：小四。
步骤 3：单击"开始"选项卡"段落"组，单击"右对齐"按钮。

任务 5　页眉页脚设置

模块3
项目2 任务5

> **任务要求 1**：设置页脚，在页脚中间位置插入当前页码和总页数。

知识储备 1：页眉和页脚

页眉和页脚通常显示文档的附加信息，常用来插入时间、日期、页码、单位名称、徽标等。其中，页眉是显示在页面顶部上边距内的信息，页脚是显示在页面底部下边距内的注释性文字或图片信息。通常页眉也可以添加文档注释等内容。页眉和页脚也用于提示信息，特别是其中插入的页码，通过这种方式能够快速定位所要查找的页面。

知识储备 2：插入页眉和页脚的两种方法

（1）单击"插入"→"页眉页脚"，进入页眉页脚编辑状态。将光标定位在页眉范围，选择"页眉页脚"选项卡，单击"关闭"按钮，退出页眉页脚。

（2）鼠标双击当前页的上边距或下边距空白处，进入页眉页脚编辑状态。鼠标双击正文部分，退出页眉页脚。

页眉页脚的编辑与正文的编辑状态是互斥的，编辑正文时，不能编辑页眉页脚；编辑页眉页脚时，不能编辑正文。

知识储备 3：页眉页脚选项

编辑页眉页脚时，会有页眉页脚选项。首页不同的页眉页脚经常会用在论文、报告等有封面的文字材料中。要求正文部分有页眉和页脚，封面则不需要页眉页脚。奇偶页不同是指在奇数页和偶数页使用不同的页眉或页脚，以体现不同页面的页眉或页脚特色。如果同时选择奇偶页不同和首页不同，一般用于书籍的排版中，方便装订，如图 3-28 所示。

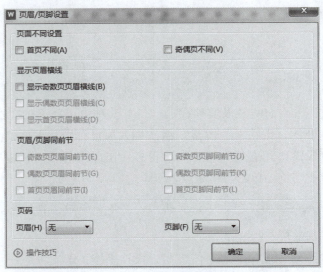

图 3-28 "页眉/页脚设置"对话框

步骤 1：单击"插入"→"页眉页脚"，进入页眉页脚编辑状态。

步骤 2：将光标定位在"页脚"编辑区，选择"插入页码"命令，弹出如图 3-29 所示对话框。

步骤 3：选择样式"第 1 页 共 X 页"，单击"确定"按钮。

步骤 4：单击"页眉页脚"→"关闭"命令，退出页眉页脚。

任务要求 2：保存该文件的所有设置，关闭文件并将其压缩为同名的 rar 文件。

步骤 1：单击快速访问工具栏中的"保存"命令。

步骤 2：单击标题栏右侧的"关闭"按钮，退出 WPS Office 软件。

步骤 3：在计算机中找到"挑战赛通知.wps"文件，选取文件并单击鼠标右键，在快捷菜单中选择"添加到'挑战赛通知.rar'"，如图 3-30 所示，完成文件的压缩。

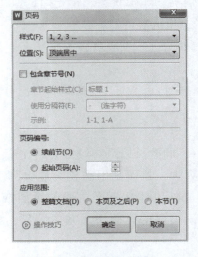

图 3-29 插入页码

图 3-30 压缩文件

一、实训要求

(1) 新建文档,保存到 D 盘根目录,命名为"学号姓名.wps"。

(2) 新文档设置纸张大小:A3;页边距,上、下:2.5 cm,左、右:3 cm。

(3) 复制本文档中除任务要求外的其他文本,使用"选择性粘贴",以"无格式文本"的形式粘贴到新文件。

(4) 将前 8 行文本分为两栏(从"名称:天津市传统工艺美术保护办法"到"有效性:有效"),底纹"钢蓝,浅色 80%"。

(5) 将文中"第 30 号"文本格式设置为黑体、三号、居中对齐。下方文本从"《天津市传统工艺美术保护办法》"到"2022 年 8 月 5 日",设置格式为仿宋_GB2312/Times New Roman、三号、首行缩进 2 字符、文本之前缩进 4 字符、文本之后缩进 4 字符、文本"2022 年 8 月 5 日"右对齐。

(6) 文中"天津市传统工艺美术保护办法"设置文本格式为华文中宋、二号、居中对齐。

(7) 设置正文文本格式为仿宋_GB2312/Times New Roman、三号、首行缩进 2 字符、1.5 倍行距。

(8) 设置章节(共 6 个)格式:黑体、三号、居中对齐,段前、段后间距:1 行。

(9) 将正文文本中的"传统工艺美术"替换为红色加粗的"传统工艺美术"(提示:共 69 处)。

(10) 为文中"第二条"中的文本"手工艺品种和技艺"添加尾注:"天津的工艺品有泥人张、汉沽版画、天津木雕、天津风筝、杨柳青年画、天津地毯、农民书画、大港布贴画、北方剪纸、武清剪纸、天津铜塑、天津牙雕。"

(11) 为文中"第十八条"中的"矿产资源"添加脚注:"截至 2007 年年底,天津市共发现矿产 35 种,其中能源矿产 5 种,金属矿产 6 种,非金属矿产 21 种,水气矿产 3 种。"

(12) 为文中"第二十条"中的 6 个段落添加编号"(一)、(二)、……"。

(13) 插入页眉页脚。页眉添加页眉横线,奇数页页眉添加文本"信息公开",偶数页页眉添加文本"天津市传统工艺美术保护办法",设置页眉文本格式为宋体、二号,字体颜色为黑色,浅色 50%,居中对齐。页脚居中位置插入当前页数和总页数。

(14) 保存所有设置,关闭文档,上交电子文件。

知识储备 1:重排窗口

WPS Office 软件中可以将打开的多个文档在一个窗口中显示,方便查看。

操作方法:单击"视图"选项卡→"重排窗口"下拉菜单→"垂直平铺"。

知识储备 2:选择性粘贴

使用选择性粘贴,能够将剪贴板中的内容粘贴为不同于源格式,而普通粘贴会将复制的内容一模一样地粘贴过来。操作方法:选择"开始"选项卡→"粘贴"下拉菜单→"选择性粘贴(S)…",在"选择性粘贴"对话框中选择"无格式文本",如图3-31所示。

知识储备3：底纹

使用 WPS 文字编辑文档时,想要给文字添加特殊的底纹样式颜色,如何操作呢?操作方法：选择"开始"选项卡→"边框"右侧下拉菜单→"边框和底纹(O)…"命令,在"边框和底纹"对话框中选择"底纹"选项卡,选择填充颜色,如图3-32所示。

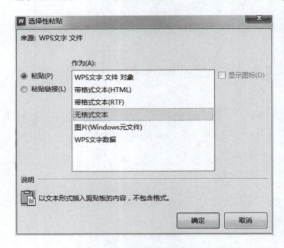

图3-31 "选择性粘贴"对话框　　图3-32 "边框和底纹"对话框

知识储备4：文本之前缩进、文本之后缩进

文本之前缩进是文本与左边距的距离,文本之后缩进是文本与右边距的距离。

操作方法：单击"开始"选项卡"段落"组右下方的"」"符号,在"段落"对话框中进行设置,如图3-33所示。

知识储备5：格式刷

格式刷是一种用来复制文字格式、段落格式、图片及图形格式的工具,当需要给文档中的内容重复添加相同的格式时,可以用它来进行复制,能够快速统一文档的格式,大大减少排版的重复劳动。格式刷不仅可以在同一个文档中使用,还可以复制格式到不同文档中使用。

1. 单次使用"格式刷"

选取要复制的样式文本或图片,选择"开始"选项卡→"格式刷"命令,此时鼠标在工作区变成刷子

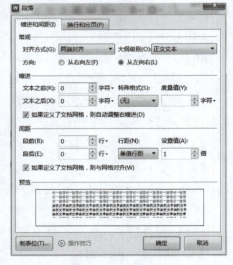

图3-33 设置缩进

形状,选择需要应用样式的内容,完成选择后,文本就变成要复制的样式。单次使用"格式刷",该功能使用一次就会失效。

2. 多次使用"格式刷"

双击"格式刷"按钮,可锁定格式刷工具,这样格式刷工具就能重复使用了。当不再

需要"格式刷"时，按 Esc 键即可取消锁定"格式刷"。

二、实训效果图

如图 3-34 所示。

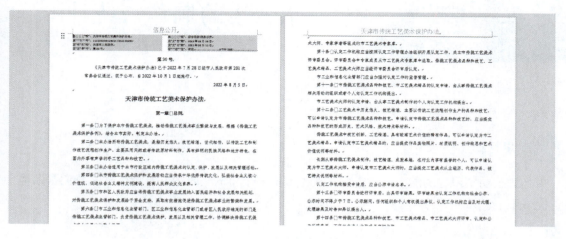

图 3-34　实训拓展部分效果图

项目 3

销售表的制作与统计

项目情境

作为公司实习生的滨小职，需要制作小家电上半年的销售表并统计数据，我们帮助他一起完成吧。

项目分析

（1）在 WPS 文字中，为什么要使用表格？
过多的文字描述和数字以表格的形式呈现，文档结构会更加清晰、数据更加具体。
（2）在 WPS 文字中如何创建表格？
使用插入表格命令，首先要清楚插入表格的行数和列数。
（3）表格中如何输入文本？
将光标定位到单元格，输入文本即可。
（4）表格格式如何设置？
使用"边框和底纹"命令。
（5）表格中数据如何计算？
不但能够对单元格内的数字进行加、减、乘、除的运算，还能进行求最大值、最小值和平均值等运算。
（6）如何快速、正确地计算数值？
通过项目分析和错误演示的结果培养规范、严谨的职业素养，通过正确演示、观看视频、反复操作培养耐心、严谨、高效的职业素养，以及精益求精的工匠精神。

项目目标

（1）会使用 WPS 文字创建表格。
（2）能对表格的文本和格式进行设置。
（3）熟练使用函数实现表格中的数据计算。
（4）掌握自学方法。

模块三　WPS 文字

模块3
项目3 任务1

任务1　表格的制作

任务要求1：新建 WPS 文档，保存为"小家电销售统计表.wps"。

步骤1：单击"首页"→"新建"→"新建文字"→"空白文档"。

步骤2：单击菜单"文件"→"保存"，在"另存文件"对话框中，选择文件保存路径，文件名为"小家电销售统计表"，保存类型选择"WPS 文字文件（*.wps）"，单击"保存"按钮。

任务要求2：插入表格，并输入文本。

知识储备1：创建表格的 4 种方法

（1）拖选法：选择"插入"选项卡→"表格"下拉菜单，如图 3-35 所示。移动鼠标可选择行和列，单击鼠标左键，即可创建表格。

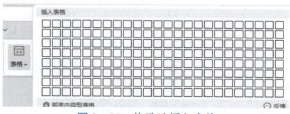

图 3-35　拖选法插入表格

（2）插入表格：选择"插入"选项卡→"表格"→"插入表格"，在"插入表格"对话框中设置行数、列数，单击"确定"按钮，如图 3-36 所示。

（3）绘制表格：选择"插入"选项卡→"表格"→"绘制表格"，鼠标形状变为铅笔，可在页面自行绘制表格。选择"插入"选项卡→"表格"→"擦除"，鼠标形状变为橡皮，可以擦除表格中的任意线条。

（4）文本转换表格：将已有的文本直接转换为表格。选取文本，选择"插入"选项卡→"表格"→"文字转换成表格"，在"将文字转换成表格"对话框中设置列数，文本分隔位置选择"逗号"，单击"确定"按钮，如图 3-37 所示。

图 3-36　"插入表格"对话框

图 3-37　文字转换为表格

知识储备 2：表格对象

表格对象包括单元格、行、列和整张表格，其中，单元格是组成表格的最基本单位，也是最小的单位。

（1）选取单元格。将鼠标移到单元格左下角位置，鼠标形状呈右上方黑色箭头，单击鼠标左键，可将单元格选中。单击鼠标左键的同时移动鼠标可选定多个连续的单元格。

（2）选取行。将鼠标移到表格左侧页边距范围内，形状呈右上方空心箭头，单击鼠标左键，可将鼠标横向对应的行选中，上下移动鼠标可选取多行。

（3）选取列。将鼠标移到表格最上方的横线位置，形状呈黑色向下箭头，单击鼠标左键，可将此列选中，左右移动鼠标可以选取多列。

（4）选取整张表格。将光标移至表格范围内，表格的左上方会出现 符号，单击此符号，可将整张表格选中。

知识储备 3：插入行的 3 种方法

（1）将光标定位在表格内任一单元格，单击"表格工具"选项卡，选择"在上方插入行"或"在下方插入行"，将在当前光标所在单元格的上一行或下一行插入一行空行。

（2）鼠标单击表格下方的"＋"，可在表格末尾增加一行新的空行，如图 3-38 所示。

图 3-38 插入行

（3）在表格中选取多行，再执行"插入行"命令，鼠标选取了几行，插入行时就插入几行空行。

知识储备 4：插入列的 3 种方法

（1）将光标定位在表格内任一单元格，单击"表格工具"选项卡，选择"在左侧插入列"或"在右侧插入列"，将在当前光标所在单元格的左侧或右侧插入一列空列。

（2）鼠标单击表格右侧的"＋"，可在表格最右侧增加一列新的空列，如图 3-39 所示。

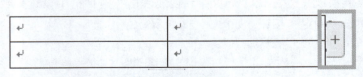

图 3-39 插入列

（3）在表格中选取多列，再执行"插入列"命令，鼠标选取了几列，插入列时就插入几列空列。

知识储备 5：删除列、行或表格的 2 种方法

（1）将光标定位在表格的任一单元格中，选择"表格工具"选项卡"删除"下拉菜单，选择"列""行"或"表格"，即可删除当前光标所在列、所在行或整张工作表。

（2）选取要删除的整行、整列或整张表格，在选取范围内单击鼠标右键，在弹出快捷菜单中选择"删除行""删除列"或"删除表格"命令，完成删除操作。

知识储备 6：删除单元格

将光标定位在表格的任一单元格中，选择"表格工具"选项卡"删除"下拉菜单，选择"单元格"，在"删除单元格"对话框中有 4 个选项，如图 3 - 40 所示。

（1）"右侧单元格左移"，删除光标所在单元格，所删除单元格右侧的单元格依次向左侧移动补位。

（2）"下方单元格上移"，删除光标所在单元格，所删除单元格下方的单元格依次向上方移动补位。

（3）"删除整行"，删除光标所在单元格对应的一整行。

（4）"删除整列"，删除光标所在单元格对应的一整列。

知识储备 7：拆分单元格

将一个单元格拆分成多个，或将几个单元格拆分成更多的单元格。操作方法：选取单元格，选择"表格工具"选项卡→"拆分单元格"，在"拆分单元格"对话框中设置拆分后的列数、行数，单击"确定"按钮，如图 3 - 41 所示。

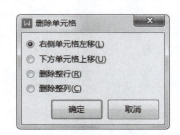
图 3 - 40 "删除单元格"对话框

图 3 - 41 "拆分单元格"对话框

知识储备 8：合并单元格

将多个单元格合并为一个。操作方法：选取需要合并的单元格（至少两个连续的单元格），选择"表格工具"选项卡→"合并单元格"。若合并前单元格中有文本，合并单元格后，所有文本合并到新单元格中。

知识储备 9：输入文本

（1）鼠标单击单元格，光标在单元格内闪烁，可输入文本。

（2）按 Tab 键，可以将单元格中的光标向后移动一个单元格；若光标在一行的最后一个单元格，按 Tab 键，光标定位在下一行的第一个单元格；若光标在表格最后一行最后一个单元格，按 Tab 键，可在表格末尾增加一行新行。

（3）按键盘方向键，将光标移动到需要的单元格，再输入文本。

步骤 1：将光标定位在要创建表格的位置。

步骤 2：选择"插入"选项卡→"表格"→"插入表格"，在"插入表格"对话框中设置列数：7、行数：11，单击"确定"按钮。

步骤 3：拆分单元格。选取第一列除第一个单元格之外的其余单元格，选择"表格工具"选项卡→"拆分单元格",在"拆分单元格"对话框中设置拆分后单元格的列数:2、行数:10,单击"确定"按钮。

步骤4:合并单元格。选择"厨房家电"对应的5个单元格,选择"表格工具"选项卡→"合并单元格";选择"家居家电"对应的5个单元格,选择"合并单元格"命令。

步骤5:参照效果图,输入表格内文本,如图3-42所示。

元宝小家电1-6月销售统计

		名称	单位	一季度销售量	二季度销售量	半年销售量	单价(元)
厨房家电	1	电热水壶	个	105	55		246
	2	电饭煲	个	130	115		478
	3	电饼铛	个	70	40		286
	4	厨师机	台	30	28		998
	5	榨汁机	台	106	76		199
家居家电	6	电风扇	台	2	606		238
	7	吸尘器	个	48	14		676
	8	加湿器	台	335	12		252
	9	电暖气	个	45	58		868
	10	净水器	个	98	302		1788

图3-42 输入文本后的统计表

任务要求3:为标题文本设置格式:楷体、小二、深蓝、加粗、居中对齐。

步骤1:选取标题文本"元宝小家电1-6月销售统计",选择"开始"选项卡→"字体"选项组,设置字体:楷体,字号:小二,字体颜色:深蓝,字形:加粗。

步骤2:选择"开始"选项卡→"段落"选项组→"居中对齐"。

任务要求4:为表格中的文本设置格式:宋体、小四、水平居中。

知识储备1:对齐方式

文本在单元格中的对齐,有以下几种位置关系,如图3-43所示。

命令	说明	命令	说明	命令	说明
≡	顶端对齐	≡	垂直居中	≡	底端对齐
≡	左对齐	≡	水平居中	≡	右对齐

图3-43 对齐方式命令

步骤1:选取整张表格,选择"开始"选项卡→"字体"选项组,设置字体:宋体,字号:五号。

步骤2:选择"表格工具"选项卡→"对齐方式"下拉菜单→"水平居中"。

任务要求5：调整表格大小。除第一行外，所有行的行高都为0.7厘米，"名称"列的列宽为2.1厘米；"单位"列的列宽为1.5厘米；一季度销售量列、二季度销售量列、半年销售量列、单价（元）列的列宽为1.7厘米。

知识储备1：调整表格大小

编辑表格时，需要针对性地调整行高与列宽，有时也需要对单元格单独调整宽度；单元格不能单独调整高度。针对整个表格，只有宽度调整，表格高度是通过对每一行的高度来调整的。

（1）表格大小调整。通过表格属性设置表格宽度：选取表格，鼠标右击，在快捷菜单中选择"表格属性(R)…"，在"表格属性"对话框中选择"表格"选项卡，可以精确设置表格的宽度。

（2）鼠标拖动调整。将鼠标悬浮在表格位置，在表格的右下角有一个调整按钮，鼠标单击调整按钮后，拖动即可直接改变表格的总体宽度与高度。

知识储备2：调整表格行高的2种方法

（1）调整表格中某一行的高度。选取表格中需要调整高度的行，鼠标单击右键，在快捷菜单中选择"表格属性"，在"表格属性"对话框中选择"行"选项卡，指定行高。通过单击"上一行"与"下一行"按钮可以调整对应上一行与下一行的高度，如图3-44所示。

行高值有两个选项：最小值与固定值。最小值是该行行高没有内容时的高度；固定值是无论有多少内容，高度都是固定的大小，如果文字过多，可能看不到完整的内容文字，如图3-45所示。

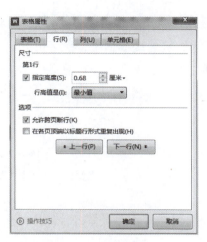

图3-44 调整行高

右侧为行高值最小值2厘米示范样例： 内容多到指定行高无法容纳时会自动增大行高。	中国共产党第二十次全国代表大会是在全党全国各族人民迈上全面建设社会主义现代化国家新征程、向第二个百年奋斗目标进军的关键时刻召开的一次十分重要的大会。大会主题是：高举中国特色社会主义伟大旗帜，全面贯彻新时代中国特色社会主义思想，弘扬伟大建党精神，自信自强、守正创新，踔厉奋发、勇毅前行，为全面建设社会主义现代化国家、全面推进中华民族伟大复兴而团结奋斗。
右侧为行高值固定值2厘米示范样例： 无论内容多少,行高固定不变。	中国共产党第二十次全国代表大会是在全党全国各族人民迈上全面建设社会主义现代化国家新征程，向第二个百年奋斗目标进军的

图3-45 最小值和固定值样例

（2）鼠标调整。将鼠标移动到需要调整高度的行的下边框处，鼠标形状成为调整样式时，按住鼠标上下拖动改变高度。

知识储备 3：调整表格列宽的 3 种方法

（1）调整表格中某一列的宽度。选取表格中需要调整宽度的列，鼠标单击右键，在快捷菜单中选择"表格属性"，在"表格属性"对话框中选择"列"选项卡，指定列宽。通过单击"前一列"与"后一列"按钮可以调整对应前一列与后一列的宽度，如图 3-46 所示。

（2）鼠标调整。将鼠标移动到需要调整宽度列的右边线处，鼠标形状成为调整样式时，按住鼠标左右拖动改变宽度。注意，此种方法调整的是边线左右两列的宽度。

（3）调整某一个单元格的宽度。选取需要调整的单元格，将鼠标移动到被选中单元格左边框或右边框，鼠标形状成为调整样式时，按住鼠标左右拖动调整宽度。

知识储备 4：平均分布各行、平均分布各列

表格中的行高或者列宽不同时，有时要平均分布行或列。操作方法：选取连续的两行（列）或者选取整张表格，选取"表格工具"选项卡→"自动调整"下拉菜单→"平均分布各行"/"平均分布各列"，如图 3-47 所示。

图 3-46 调整列宽

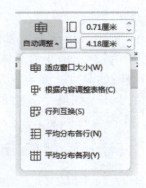

图 3-47 平均分布各行

步骤 1：选取表格中除第一行外的所有行，单击鼠标右键，在快捷菜单中选择"表格属性（R）…"，在"行"选项卡中，勾选"指定高度"复选项，设置为 0.7 厘米，行高值：固定值。

步骤 2：选取"名称"列，在选取范围内单击鼠标右键，在快捷菜单中选择"表格属性（R）…"，在"列"选项卡中，勾选"指定宽度"复选项，设置为 2.1 厘米。

步骤 3：选取"单位"列，在选取范围内单击鼠标右键，在快捷菜单中选择"表格属性（R）…"，在"列"选项卡中，勾选"指定宽度"复选项，设置为 1.5 厘米。

步骤 4：选取"一季度销售量"列、"二季度销售量"列、"半年销售量"列和"单价（元）"列，在选取范围内单击鼠标右键，在快捷菜单中选择"表格属性（R）…"，在"列"选项卡中，勾选"指定宽度"复选项，设置为 1.7 厘米。

模块三　WPS 文字

任务要求6：表格外边框设置为 2.25 磅粗实线。第一行和第二行的分隔线是双实线。部分内框线是虚线。

知识储备1：边框

选择"开始"选项卡→"段落"选项组→"边框"下拉菜单→"边框和底纹"，在"边框和底纹"对话框中，可指定边框或自定义边框，更改边框的线型、颜色、磅值等，应用于有两个选项：文字和段落，如图 3-48 所示。

图 3-48　"边框和底纹"对话框

（1）文字边框：为指定文字加框，以选取文字的宽度作为边框的宽度，若文本超过一行，则会以行为单位添加边框线。文字的边框线是同时添加上、下、左、右 4 条线，所有边框线的格式是一致的，如图 3-49 所示。

（2）段落边框：以整个段落的宽度作为边框宽度的边框。段落边框还可以单独设置 4 条边框线的线型、颜色、宽度，如图 3-50 所示。

文字边框样例

文字边框样例

图 3-49　选取不同文本的边框效果

中国共产党第二十次全国代表大会是在全党全国各族人民迈上全面建设社会主义现代化国家新征程、向第二个百年奋斗目标进军的关键时刻召开的一次十分重要的大会。大会主题是：高举中国特色社会主义伟大旗帜，全面贯彻新时代中国特色社会主义思想，弘扬伟大建党精神，自信自强、守正创新，踔厉奋发、勇毅前行，为全面建设社会主义现代化国家、全面推进中华民族伟大复兴而团结奋斗。

图 3-50　段落边框

知识储备2：页面边框

为整页添加边框，一般用在制作贺卡、节目单时。

步骤1：选取整张表格，在表格选取范围内，单击鼠标右键，在快捷菜单中选择"边框和底纹"，在"边框和底纹"对话框中选择"边框"选项卡，设置：自定义、宽度：2.25

磅，在右侧预览部分选择上、下、左、右 4 条边框线，单击"确定"按钮。

步骤 2：绘制双实线。将光标定位在表格内，选择"表格样式"选项卡，线型：双实线。鼠标在编辑区呈现铅笔形状，可手动绘制第一行与第二行间的双实线。

步骤 3：绘制虚线。将光标定位在表格内，选择"表格样式"选项卡，线型：虚线，根据效果图绘制虚线。

> **任务要求 7**：表格第一行、第一列底纹：深色 5%。

知识储备：底纹

设置底纹时，有"填充"和"图案"两部分。"图案"分为"样式"和"颜色"选项。样式默认为"清除"，是指没有前景色。颜色默认为"黑色"，除默认外，可以设置不同的样式和颜色。"填充"是指对选定范围部分添加背景色；"图案"是指对选定范围部分添加前景色，前景色是广义的，包括各种"样式"，如图 3-51 所示。

填充效果　　图案底纹效果

图 3-51　"填充"和"图案"效果图

步骤 1：选取表格中第一行文本，选择"表格样式"选项卡→"底纹"下拉菜单，填充：深色 5%。

步骤 2：选取表格第一列除第一个单元格外的文本，选择"表格样式"选项卡→"底纹"下拉菜单，填充：深色 5%。

> **任务要求 8**：绘制斜线表头，设置该单元格文本格式：宋体，小五；添加文本。

步骤 1：将光标定位在表格第一行第一列单元格内，选择"表格样式"选项卡→"绘制斜线表头"命令，选择第二行第一列的表头样式。

步骤 2：选取单元格，选择"开始"选项卡，设置字体：宋体、字号：小五。

步骤 3：输入文本：类别、序号、项目，如图 3-52 所示。

元宝小家电 1-6 月销售统计

项目	类别 序号	名称	单位	一季度销售量	二季度销售量	半年销售量	单价（元）
厨房家电	1	电热水壶	个	105	55		246
	2	电饭煲	个	130	115		478
	3	电饼铛	个	70	40		286
	4	厨师机	台	30	28		998
	5	榨汁机	台	106	76		199
家居家电	6	电风扇	台	2	606		238
	7	吸尘器	个	48	14		676
	8	加湿器	台	335	12		252
	9	电暖气	个	45	58		868
	10	净水器	个	98	302		1788

图 3-52　绘制表头

任务 2　表格的统计

任务要求 1：在表格最右侧新增一列，字段名为"销售额（元）"，列宽为 2.2 厘米。

步骤 1：选取"单价（元）"列，单击鼠标右键，在快捷菜单中选择"插入"→"在右侧插入列"，为表格新增一个空列。

步骤 2：将光标定位在新增列的第一个单元格，输入文本"销售额（元）"。

模块3
项目3 任务2

步骤 3：选取"销售额（元）"列，选择"表格工具"选项卡，设置宽度为 2.2 厘米。

任务要求 2：在表格末尾新增一行，将前 3 个单元格合并，添加文字"一季度销售量最大值"，将第 3、4 个单元格合并，添加文字"单价(元)最小值"，第 5 个单元格添加文字"平均"。

步骤 1：将光标定位在表格最后一行最后一个单元格外，按 Enter 键，为表格新增一行空行。

步骤 2：选取新行的前 3 个单元格，选择"表格工具"选项卡→"合并单元格"，在合并后的单元格内输入文本"一季度销售量最大值"。

步骤 3：选取第 3、4 个单元格，选择"表格工具"选项卡→"合并单元格"，在合并后的单元格内输入文本"单价（元）最小值"。

步骤 4：在第 5 个单元格内输入文本"平均"。

任务要求 3：计算"半年销售量""销售额（元）"两列数值。

知识储备 1：单元格名称

表格中使用公式或函数计算时，不直接用具体数值，而是引用单元格名称，优势在于当单元格中的数据发生改变时，使用"更新域"命令就能更新结果，大大提高了工作效率，因此有必要为每一个单元格命名。

单元格命名原则：列标用"A、B、C、…"，行号用"1、2、3、…"。单元格命名语法格式：列标+行号。如：单元格"电热水壶"的单元格名称为"C2"，如图 3-53 所示。

	A	B	C	D	E	F	G	H	I
1			名称	单位	一季度	二季度	半年销	单价	销售额
2	厨房家电	1	电热水壶	个	105	55	160	246	39360
3		2	电饭煲	个	130	115	245	478	117110
4		3	电饼铛	个	70	40	110	286	31460
5		4	厨师机	台	30	28	58	998	57884
6		5	榨汁机	台	106	76	182	199	36218
7	家居家电	6	电风扇	台	2	606	608	238	144704
8		7	吸尘器	个	48	14	62	676	41912
9		8	加湿器	台	335	12	347	252	87444
10		9	电暖气	个	45	58	103	868	89404
11		10	净水器	个	98	302	400	1788	715200
12	一季度销售量最大			335	单价(元)最小值		199	平均	136069.6

图 3-53　单元格行标、列号示意图

知识储备 2：公式计算

公式计算：=单元格名称 运算符 单元格名称。

知识储备 3：函数计算

函数计算：=函数名(计算范围)。如：=SUM(E2:E11)，其中，SUM()是求和函数，E2:E11 为连续的求和范围。常用函数还有 AVERAGE，求平均；MAX，求最大值；MIN，求最小值。

知识储备 4：计算范围

计算范围是在函数名后面的一对括号内，表示方式有 3 种：

（1）连续的区域。由连续区域的第一个和最后一个单元格名称表示，单元格名称之间用冒号分隔。如 E1:E5，表示从 E1 单元格开始到 E5 单元格之间的 5 个单元格。

（2）多个不连续的单元格区域。单元格名称之间用逗号分隔。如 E1,E5 表示 E1 和 E5 两个单元格。也可以连接多个连续单元格区域，与数学上的并集概念类似。如 E1:E5，G1:G5 表示从 E1 单元格起至 E5 单元格，以及从 G1 单元格起至 G5 单元格，共 10 个单元格。

（3）计算范围还可以是英文，如 LEFT、RIGHT、ABOVE，表示当前单元格的左、右、上范围内的数字。

单元格名称以及表格公式中的所有字母是不区分大小写的，即=sum(e1:e5)与=SUM(E1:E5)是一样的。

步骤 1：将光标定位在计算"电热水壶"半年销售量所在单元格。

步骤 2：选择"表格工具"选项卡→"fx 公式"，在"公式"对话框中，在"公式"下方的文本框中"=SUM(LEFT)"。

步骤 3：将括号中的 LEFT 删除，在括号内输入单元格名称"E2,F2"，单击"确定"按钮，如图 3-54 所示。

步骤 4：将光标定位在计算"电饭煲"半年销售量的单元格上，选择"fx 公式"，在"公式"下方的文本框中输入"=SUM(E3,F3)"。

步骤 5：后面 8 种商品的"半年销售量"计算方法依此类推。

步骤 6：将光标定位在计算"电热水壶"销售额（元）的单元格上。

步骤 7：选择"fx 公式"，在"公式"下方的文本框中只保留"="。

图 3-54 "公式"对话框

步骤 8：选择"粘贴函数"下拉菜单→"PRODUCT"，如图 3-55 所示。

步骤 9：在 PRODUCT 后的括号内输入"G2,H2"，单击"确定"按钮，如图 3-56 所示。

步骤 10：其余 8 种商品的"销售额(元)"计算方法依此类推。

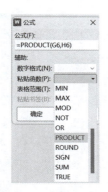
图3-55 选择乘法函数

图3-56 乘法函数

任务要求4：计算"一季度销售量最大值""单价（元）最小值""平均"相应数值（平均值保留1位小数）。

步骤1：将光标定位在计算"一季度销售量最大值"的单元格内。选择"fx 公式"，在"公式"下方的文本框中只保留" = "。选择"粘贴函数"下拉菜单→"MAX"，在MAX后的括号内输入"E2：E11"，单击"确定"按钮。

步骤2：将光标定位在计算"单价（元）最小值"的单元格内。选择"fx 公式"，在"公式"下方的文本框中只保留" = "。选择"粘贴函数"下拉菜单→"MIN"，在MIN后的括号内输入"H2：H11"，单击"确定"按钮。

步骤3：将光标定位在最后一个单元格上。选择"fx 公式"，在"公式"下方的文本框中只保留" = "。选择"粘贴函数"下拉菜单→"AVERAGE"，在AVERAG后括号内输入"I2：I11"，数字格式：0.0，单击"确定"按钮，如图3-57所示。

图3-57 计算后结果

实训拓展

一、任务要求

（1）新建文档，命名为"学号姓名.wps"。

（2）页面默认A4纸张，设置页边距：上、下，2.2厘米；左、右，2厘米。

（3）创建表格并输入文本，表格中内容真实、完整。

（4）调整表格大小。

（5）设置单元格内文本水平居中。

（6）为表格设置边框线。

（7）插入图片。

知识储备1：插入图片

将光标定位在要插入图片的单元格内，选择“插入”选项卡→“图片”下拉菜单→“本地图片”→“3.3 拓展任务素材——贾鸿男一寸照片.jpeg”，单击“确定”按钮即可。

知识储备2：表格转换成文本

选中需要转换的表格，选择“插入”选项卡→“表格”下拉菜单→“表格转换成文本”，在“表格转换成文本”对话框中选择“制表符”，单击“确定”按钮。

知识储备3：文本转换成表格

选中需要转换为表格的文本，选择“插入”选项卡→“表格”下拉菜单→“文本转换成表格”，在“文本转换成表格”对话框中选择“文本分隔位置”处的文字分隔符，单击“确定”按钮。

二、实训效果图

如图3－58所示。

实习生入职登记表

姓　名	贾鸿男	性　别	男	报到日期	2023.07	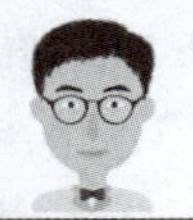
出生年月	2004.02	民　族	汉族	婚姻状况	未婚	
户籍地	天津	户口性质	非农业	籍　贯	天津	
身份证号	120107200402*****X			政治面貌	团员	
家庭住址	天津市滨海新区庐山道1101号			联系方式	13102110037	

教育履历	起止时间	学校名称	专业	已获学历、学位
	2019.08-2022.07	天津市滨海新区实验中学		初中
	2022.07-至今	天津滨海职业学院	计算机应用	高中

家庭成员	姓名	称谓	年龄	单位	职务	政治面貌
	贾彬	父亲	48	天津智慧电脑	销售	群众
	窦娜	母亲	46	天津光明设计	软件测试	党员

实习计划				
	实习部门	软件开发	实习岗位	Web前端开发
	实习时间	2023.09-2024.05	实习期薪金（元/月）	3500

实习部门审核	实习部门领导审核意见： 签名：　　　年　月　日
人力资源审核	人力资源领导审核意见： 签名：　　　年　月　日
备注	
填表声明： 本人对上述由本人填写的内容的真实性负责。 签名：　　　年　月　日	

1

图3－58　实习生入职登记表示例

项目 4

"光盘行动"宣传海报的制作

项目情境

在食堂吃饭的滨小职发现宣传栏"光盘行动"宣传海报的版式设计很好看,联想到自己学过的 WPS Office,就想用 WPS 文字把自己喜欢的版面再现出来,看看自己的制作水平行不行。

项目分析

(1)插入图片的方法。
(2)插入文本框的方法。
(3)插入自选图形的方法。
(4)插入艺术字的方法。
(5)插入对象后对格式设置的方法。
(6)如何制作能够吸引眼球的宣传海报?通过项目分析和演示错误操作的效果,培养认真和耐心的职业素养,通过反复操作、精益求精提升审美素养,使宣传海报更具感染力。

项目目标

(1)掌握对象的插入和对象格式设置方法。
(2)掌握设置对象的绝对位置的方法。
(3)对文档合理排版,达到视觉上的统一与协调。
(4)灵活运用所学知识,提升解决问题的能力。

项目实施

模块 3
项目 4 任务 1

任务 1　图片的插入

任务要求1:新建文档,保存为"光盘行动.wps"。

步骤1：单击标题栏中的"+"→"新建文字"→"空白文档"，创建临时文件"文字文稿1"。

步骤2：单击快速访问工具栏的"保存"命令，在弹出的"另存文件"对话框中选择保存路径，文件名：光盘行动，文件类型：WPS 文字文件(＊.wps)，单击"保存"按钮。

任务要求2：新文件默认 A4 纸张，页面无边距（全页面）。

步骤1：选择"页面布局"选项卡，页边距：上、下、左、右均为0厘米。
步骤2：选择"页面布局"选项卡，纸张大小：A4。

任务要求3：参照效果图，插入背景图片，将插入的图片设置为衬于文字下方，大小与 A4 纸相同。

知识储备1：插入图片
WPS 文字使用的插图的来源可以是文件、扫描仪、手机图片/拍照等。

知识储备2：图形文件的格式
常见的图形文件格式有 BMP、DIB、PCP、DIF、WMF、GIF、JPG、TIF、EPS、PSD、CDR、IFF、TGA、PCD、MPT、PNG。

知识储备3：环绕
图片的环绕方式有7种：嵌入型、四周型环绕、紧密型环绕、衬于文字下方、浮于文字上方、上下型环绕、穿越型环绕。

（1）嵌入型：可以具体插入任意字与字之间。
（2）四周型环绕：可以任意拖动图片到想要的效果。
（3）紧密型环绕：相对四周型环绕方式，文字与图片的排列更为紧凑。
（4）衬于文字下方：图片会盖住下方的文字。
（5）浮于文字上方：文字会浮于图片上方。
（6）上下型环绕：文字只会出现在图片上下侧，不会出现在左右侧。
（7）穿越型环绕：可任意拖动图片至想要的位置。

知识储备4：对齐
对象的对齐方式有6种：左对齐、水平居中、右对齐、顶端对齐、垂直对齐、底端对齐。

（1）左对齐：一个对象的左对齐，是以页面的最左侧对齐；多个对象的左对齐，是以多个对象中最左侧的对象左侧对齐。
（2）水平居中：一个对象的水平居中，是以页面水平方向的中心位置对齐；多个对象的水平居中，是以最左侧对象左侧和最右侧对象右侧为两端，计算水平中心位置，所有对象以此中心位置对齐。
（3）右对齐：一个对象的右对齐，是以页面的最右侧对齐；多个对象的右对齐，是以多个对象中最右侧对象的右侧对齐。
（4）顶端对齐：一个对象的顶端对齐，是以页面的顶部对齐；多个对象的顶端对齐，是以多个对象中最高的对象顶部对齐。

(5) 垂直对齐：一个对象的垂直对齐，是以页面垂直方向的中心位置对齐；多个对象的垂直对齐，是以最高对象的顶部和最低对象的底部为两端，计算垂直中心位置，所有对象以此中心位置对齐。

(6) 底端对齐：一个对象的底端对齐，是以页面的底部对齐；多个对象的底端对齐，是以多个对象中最底的对象底部对齐。

步骤 1：选择"插入"选项卡→"图片"下拉菜单→"来自文件"，在"插入图片"对话框中选取素材文件夹中的"图片 1.png"，单击"打开"按钮。

步骤 2：选取插入的图片 1，选择"图片工具"选项卡→"环绕"→"衬于文字下方"。

步骤 3：选择"图片工具"选项卡，打开"大小和位置"对话框，在"设置对象格式"对话框中，选择"大小"选项卡，取消勾选"锁定纵横比"复选项；设置高度绝对值：29.7 厘米、宽度绝对值：21 厘米，单击"确定"按钮。

步骤 4：选择"图片工具"选项卡，对齐：水平居中、垂直居中。

任务 2　形状的插入

任务要求 1：参照效果图，在页面四周插入矩形。无填充颜色，轮廓：深红，线型：4.5 磅外粗内细的双线。

知识储备 1：显示比例

更改显示比例有两种方法：

(1) 选择"视图"选项卡→"显示比例"，在"显示比例"对话框中进行相应设置，如图 3-59 所示。

(2) 按 Ctrl 键和鼠标滚轮上推：放大显示比例；按 Ctrl 键和鼠标滚轮下拨：缩小显示比例。

知识储备 2：对象位置的调整

选取对象后，将鼠标移至对象的边上，鼠标呈现 4 个方向的箭头，单击鼠标左键并移动鼠标，选定对象跟随鼠标移动，松开鼠标完成移动操作。也可通过键盘的 4 个方向键进行对象的微调（提示：对图片进行移动，需要提前设置环绕方式）。

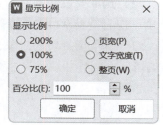

图 3-59　"显示比例"对话框

知识储备 3：调整对象的大小

选取对象后，会出现 8 个控制点，鼠标移至对象四角中的任一控制点，鼠标呈现斜向双箭头，单击鼠标左键并移动鼠标，选定对象会跟随鼠标放大或缩小，松开鼠标完成调整大小的操作。

步骤 1：选择"插入"选项卡→"形状"下拉菜单→"矩形"，如图 3-60 所示，鼠标在编辑区呈现十字形。

步骤 2：单击鼠标左键并移动鼠标绘制矩形，松开鼠标，矩形绘制完毕。

步骤 3：选取矩形，在有效范围内单击鼠标右键，在快捷菜单中选择"设置对象格式(O)…"。

步骤4：在文件编辑区的右侧出现"属性"栏，选择"填充与线条"，设置填充：无填充、线条：实线、颜色：深红、宽度：4.5磅、复合线型：由粗到细，如图3-61所示，单击"确定"按钮。

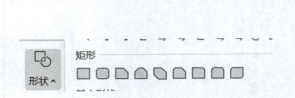

图3-60 矩形

图3-61 设置对象格式

任务要求2：参照效果图，插入六边形。填充：深红，轮廓：深蓝。设置文字框边距上、下、左、右均为0厘米。六边形中文本格式：宋体、二号、白色。

知识储备：旋转的3种方法

（1）选取要旋转的对象，在对象的最上方有一个旋转箭头，如图3-62所示。鼠标移至此位置，同样呈现旋转形状，单击并移动鼠标，对象会跟随旋转，松开鼠标完成旋转操作。

（2）选取要旋转的对象，选择"绘图工具"选项卡→"旋转"下拉菜单，有向左旋转90度、向右旋转90度、水平翻转、垂直翻转、旋转所有图片选项。

（3）选取要旋转的对象，单击鼠标右键，在快捷菜单中选择"设置对象格式（O）…"，在编辑区右侧的"属性"栏功能中，选择"效果"中的"三维旋转"，设置"Z旋转"角度，如图3-63所示。

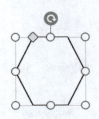

图3-62 对象的旋转按钮

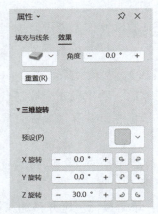

图3-63 精确设置旋转角度

步骤 1：选择"插入"选项卡→"形状"下拉菜单→"六边形",鼠标在编辑区呈现十字形,单击鼠标左键并拖动鼠标即可绘制六边形。

步骤 2：选取六边形,在有效范围内,单击鼠标右键,在快捷菜单中选择"添加文字",输入文本"优"。

步骤 3：选取六边形,单击鼠标右键,在快捷菜单中选择"设置对象格式(O)…",在编辑区右侧的"属性"栏功能中,选择"效果"中的"三维旋转",设置"Z 旋转"为 90。选择"文本框"选项卡,内部边距设置上、下、左、右均为 0 厘米,单击"确定"按钮。

步骤 4：选取六边形,选择"绘图工具"选项卡,设置填充：深红、轮廓：深蓝。

步骤 5：选取文本,选择"开始"选项卡,设置字体：宋体、字号：二号、字体颜色：白色。

步骤 6：复制六边形后粘贴 3 次,调整 4 个六边形的位置,更改最后 3 个六边形文本：良、传、统。

> **任务要求 3**：参照效果图,插入直线,颜色：深红、宽度 2.25 磅。

步骤 1：选择"插入"选项卡→"形状"下拉菜单→"直线",鼠标在编辑区呈现十字形,单击鼠标左键并拖动鼠标即可绘制竖向直线。

步骤 2：选择"绘图工具"选项卡→轮廓：深红；线型：2.25 磅。

步骤 3：复制直线后粘贴 7 次,调整直线的位置。

任务 3　文本框的插入

> **任务要求**：参照效果图,插入文本框,添加文字：勤俭节约．浪费可耻。设置文本格式：宋体、五号、深红、加粗。文本框无颜色填充,无边框颜色。

知识储备：文本框

文本框内可以编辑文字、图片、表格等内容,文本框可以很方便地改变位置、大小,还可以设置一些特殊的格式。文本框有 3 种：

（1）横向：选择"插入"选项卡→"文本框"下拉菜单→"横向",鼠标在编辑区呈现十字形,单击鼠标左键并拖动鼠标即可绘制横向文本框。在文本框中可以插入文本、图片等对象。

（2）竖向：选择"插入"选项卡→"文本框"下拉菜单→"竖向",绘制方法与横向文本框的相同。

（3）多行文字：选择"插入"选项卡→"文本框"下拉菜单→"多行文字",绘制方法与横向文本框的相同。

横向与多行文本的区别：在横向文本框中输入文本,行数超出边界就不再显示了,多行文字则会自动收缩,输入的文本始终可以显示。

步骤 1：选择"插入"选项卡"文本框"下拉菜单"横向",鼠标在编辑区呈现十字形,单击鼠标左键并拖动鼠标即可绘制文本框。

步骤2：在文本框内输入文字"勤"。选取文字，选择"开始"选项卡，设置文本，字体：宋体、字号：五号、字体颜色：深红、字形：加粗。

步骤3：选取文本框，选择"绘图工具"选项卡，填充：无填充颜色，轮廓：无边框颜色。

步骤4：复制文本框并粘贴，调整文本框位置，完成其他文字："俭""节""约""浪""费""可""耻"。

任务 4　抠除背景

任务要求1：参照效果图，插入图片（白色圆盘），设置四周型环绕，抠除背景，设置阴影。

知识储备1：抠除背景

WPS 的抠除背景功能可以快速去除、更换图片背景。操作方法：选取图片，选择"图片工具"选项卡→"抠除背景"下拉菜单→"抠除背景"，在"智能抠图"对话框中，可以手动抠图或者自动抠图。

（1）手动抠图：在面板左侧设置画笔大小。单击"保留"按钮，圈出需要保留的区域。再单击"去除"按钮，圈出需要去除的区域，在右侧可以看到抠图后的效果。若画的区域过大，单击"橡皮擦"按钮，可擦除多余区域。还可对图片更换背景以及区域裁剪。

（2）自动抠图：在面板左侧，可以根据需要选择不同的抠图方式。以"一键抠图形"为例，使用 AI 算法进行处理，在右侧可以看到抠图后的效果。还可对图片更换背景以及区域裁剪。

知识储备2：效果

设置图片效果，可以使图片更加赏心悦目。操作方法：选取图片，选择"图片工具"选项卡→"效果"，可对图片进行阴影、倒影、发光、柔化边缘、三维放置等操作。

步骤1：选择"插入"选项卡→"图片"下拉菜单→"来自文件"，在"插入图片"对话框中选择素材文件夹中的"图片2. png"，单击"打开"按钮。

步骤2：选取图片，选择"图片工具"选项卡→"环绕"→"四周型环绕"。

步骤3：选取图片，选择"图片工具"选项卡→"抠除背景"，在"智能抠图"对话框中单击"自动抠图"→"一键抠图形"→"完成抠图"，如图3-64所示。

步骤4：选取图片，选择"图片工具"选项卡→"阴影效果"→"阴影样式14"，调整图片的大小和位置。

任务要求2：参照效果图，插入图片（草莓），设置四周型环绕，抠除背景，裁剪，压缩图片。

知识储备1：裁剪

一张优秀的照片采用合适的画幅调整，不仅不会破坏原本的构图，反而会为画面表达增色不少，甚至起到扭转乾坤的作用。操作方法：选取对象，选择"图片工具"选项卡→"裁剪"，调整裁剪大小，按 Enter 键，完成裁剪。

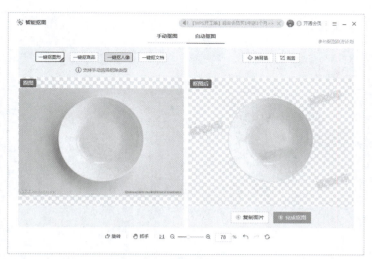

图 3-64 "智能抠图"对话框

知识储备 2：压缩图片

对图片进行裁剪后，如果担心该图片保存在电脑上内存会比较大，可以在 WPS 文档中将图片进行压缩，从而使图片的内存减小。即使编辑多张图片，通过压缩，也不用担心占用系统很多空间内存，并且在压缩的时候可以选择普通压缩或高清压缩，一般普通压缩出来的图片都是比较清晰的。操作方法：选取图片，选择"图片工具"选项卡→"压缩图片"，在"压缩图片"对话框中设置相应选项，单击"完成压缩"按钮。

步骤 1：选择"插入"选项卡→"图片"下拉菜单→"来自文件"，在"插入图片"对话框中选择素材文件夹中的"图片 3.png"，单击"打开"按钮。

步骤 2：选取图片，选择"图片工具"选项卡→"环绕"→"四周型环绕"。

步骤 3：选取图片，选择"图片工具"选项卡→"抠除背景"，在"智能抠图"对话框中选择"手动抠图"。

步骤 4：选择"保留"，用画笔绘制图中左侧半盘草莓，如图 3-65 所示。

步骤 5：选择"去除"，用画笔绘制去除部分，单击"完成抠图"按钮。

步骤 6：选取图片，选择"图片工具"选项卡→"裁剪"，调整裁剪大小。

步骤 7：选择"图片工具"选项卡→"压缩图片"，在"压缩图片"对话框中，单击"完成压缩"按钮。

步骤 8：调整图片的大小和位置。

任务要求 3：参照效果图，插入图片（筷子），设置四周型环绕，抠除背景，旋转角度。

步骤 1：选择"插入"选项卡→"图片"下拉菜单→"来自文件"，在"插入图片"对话框中选择素材文件夹中的"图片 4.png"，单击"打开"按钮。

步骤 2：选取图片，选择"图片工具"选项卡→"环绕"→"四周型环绕"。

步骤 3：选取图片，选择"图片工具"选项卡→"抠除背景"，在"智能抠图"对话框中单击"完成抠图"按钮。

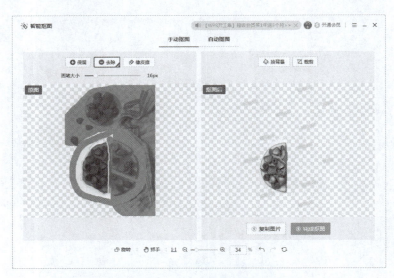

图 3-65 "图片压缩"对话框

步骤 4：选取图片，单击鼠标右键，在快捷菜单中选择"设置对象格式"，在"设置对象格式"对话框中选择"大小"选项卡，设置旋转 310 度，如图 3-66 所示。

图 3-66 旋转角度

步骤 5：调整图片大小和位置。

任务 5 艺术字的插入

模块 3
项目 4 任务 5

任务要求 1：参照效果图，插入艺术字（第一行第 3 个），添加文字：光盘。设置文本格式：宋体、初号、红色；文字方向：竖向。

知识储备 1：艺术字

艺术字是经过专业的字体设计师艺术加工的汉字变形字体，字体特点符合文字含义，具有美观有趣、易认易识、醒目张扬等特性，是一种有图案意味或装饰意味的字体变形。艺术字能从汉字的义、形和结构特征出发，对汉字的笔画和结构做合理的变形装饰，书写出美观形象的变体字。操作方法：选择"插入"选项卡→"艺术字"，选择艺术字样式。选择"文本工具"选项卡→"文本效果"下拉菜单→"转换"，可在级联菜单中选择更多设置，如图 3-67 所示。

知识储备 2：对象间的叠放次序

在页面上添加的对象，每个对象都存在于不同的"层"上，这个"层"对用户来说是透明的。先添加的对象在最底层，后添加的对象在上一层，依此类推。对象是以添加的先后顺序放置在层上的，对象分开摆放看不出层次，叠放在一起就可以看到层次了。若改变对象的叠放顺序，选取对象，单击鼠标右键，通过在快捷菜单中选择"置于顶层"/"上移一层"/"下移一层"/"置于底层"来调整。

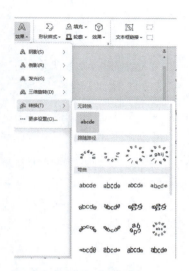

图 3-67 "转换"命令

步骤 1：选择"插入"选项卡→"艺术字"下拉菜单，选择第一行第 3 个艺术字样式。

步骤 2：将艺术字文本框中的文本更改为"光盘"，选取文本，选择"开始"选项卡，设置字体：宋体，字号：初号，字体颜色：红色。

步骤 3：选择文本，选择"文本工具"选项卡→"文本方向"，改为竖向，调整位置。

任务要求 2：参照效果图，插入竖向文本框，添加文字：提倡节约反对浪费。设置文本格式：黑体、小初、加粗，文本颜色：红色－栗色渐变。文本框无填充颜色，无边框颜色。

步骤 1：选择"插入"选项卡→"文本框"下拉菜单→"竖向"，鼠标在编辑区呈现十字形，单击鼠标左键并拖动鼠标即可绘制竖向文本框。

步骤 2：在文本框内输入文字：提倡节约反对浪费。

步骤 3：选取文本，选择"开始"选项卡，设置文本格式，字体：黑体，字号：小初，字形：加粗。

步骤 4：选取文本，选择"绘图工具"选项卡→"字体颜色"下拉菜单，渐变填充：红色－栗色渐变。

步骤 5：选取文本框，选择"绘图工具"选项卡，填充：无填充颜色，轮廓：无边框颜色。

任务要求 3：参照效果图，在页面左下方插入文本框，添加文本。设置文本格式：宋体、五号、深红、加粗、固定值：20 磅。文本框无填充颜色，无边框颜色。

步骤 1：选择"插入"选项卡→"文本框"下拉菜单→"横向"，鼠标在编辑区呈现十字形，单击鼠标左键并拖动鼠标即可绘制文本框。

步骤 2：在文本框内添加文字。选择"开始"选项卡，设置文本格式，字体：宋体，字号：五号，字体颜色：深红，字形：加粗。

步骤 3：选取文本，选择"开始"选项卡→"段落"，设置行距为固定值：20 磅。

步骤 4：选取文本框，选择"绘图工具"选项卡，填充：无填充颜色，轮廓：无边框颜色。

> **任务要求 4**：参照效果图，在页面右下方插入文本框，添加文本。设置文本格式：宋体、五号、加粗、1.5倍行距。文本框无填充颜色，无边框颜色。

步骤 1：选择"插入"选项卡→"文本框"下拉菜单→"横向"，鼠标在编辑区呈现十字形，单击鼠标左键并拖动鼠标即可绘制文本框。

步骤 2：在文本框内添加文字。选择"开始"选项卡，设置文本格式，字体：宋体，字号：五号，字体颜色：深红，字形：加粗。

步骤 3：选取文本，选择"开始"选项卡→"段落"，设置行距：1.5倍行距。

步骤 4：选取文本框，选择"绘图工具"选项卡，填充：无填充颜色，轮廓：无边框颜色。

> **任务要求 5**：将效果图中班级、姓名改为实际作者班级、姓名。

步骤 1：选择"插入"选项卡→"文本框"下拉菜单→"横向"，鼠标在编辑区呈现十字形，单击鼠标左键并拖动鼠标即可绘制文本框。

步骤 2：在文本框内输入班级、姓名。设置文本格式，字体：宋体，字号：四号。

步骤 3：选取文本框，选择"绘图工具"选项卡，填充：无填充颜色，轮廓：无边框颜色。

实训拓展

一、实训要求

A4纸张，海报页数为1页。海报内容必须使用提供的素材，可上网查找素材进行补充。完成的版式及效果也可自行设计。

（1）新建文档，命名为"剪纸作品征集.wps"。
（2）制作的海报标题醒目、突出，同级标题格式相对统一、色彩协调。
（3）海报内要有图片、文字、形状三类对象。
（4）装饰的图案与花纹要结合宣传的性质和内容。
（5）海报版面设计合理，风格协调。
（6）海报文本通顺，无错别字。

知识储备 1：取色器

WPS中的取色器可以从图片中提取颜色。字体颜色、形状填充等都有此命令。

知识储备 2：Windows系统添加下载字体

在Windows系统中，系统默认配置的字体有很多，若觉得系统字体不好看，可以自己下载喜欢的字体，那么下载的字体如何使用呢？操作方法：单击桌面左下角"开始"→"控制面板"→"外观和个性化"→"字体"，打开字体文件夹窗口，将下载的字体文件复制到字体文件夹中。重新打开WPS Office软件就可以使用了。

二、实训效果图

如图 3-68 所示。

图 3-68　实训拓展任务完成效果图

项目 5

论文排版

项目情境

滨小职同学的计算机办公操作能力强,被技能社团聘为"格式编辑员",帮助学院完成学生毕业论文的格式修订工作。在老师的指导下,发现 WPS 文字还有这么多的功能。

项目分析

(1) 毕业论文长达几十页,文档中需要处理封面、生成目录、为正文中各对象设置相应格式,只学会前面 4 个项目的知识是远远不够的,还需要对 WPS 文字进行更深入的学习和实践。

(2) 如何为段落、图片、表格等对象快速编号?

使用 WPS 文字中的项目符号、编号、插入题注等功能实现。

(3) 如何对同一级别的内容设定相同格式?

使用 WPS 文字的样式和格式功能。

(4) 如何自动生成带页码信息的目录?

在为各级标题应用样式,设定对应大纲级别的前提下,使用 WPS 文字中的"目录"可自动生成目录。

(5) 如何为同一篇文档设定不同的页面设置、页眉页脚等?

使用 WPS 文字中的"分节符",可在一页之内或两页之间改变文档的布局。

(6) 排版的长文档如何不出错?

严谨、负责是一种职业态度、一种职业精神。职业精神对用人单位至关重要。作为准职业人的高职学生,应该培养工匠精神,具有工匠精神和具有专业知识、专业技能一样,都是走向社会、立足社会的重要条件。一个具备良好职业精神的人能增强自身的就业竞争力,能在未来的职业生涯中脱颖而出,取得成功。学生应当继承老一辈匠艺人严谨的工作态度,同时延续"工匠精神",成长为我国制造业的重要力量,满足产业发展对高素质技能型人才的需求。

项目目标

(1) 掌握 WPS 文字的高级功能,完成长文档的编辑。

(2) 熟练掌握高级替换的使用方法。
(3) 掌握"审阅"选项卡中的功能。
(4) 能进行文档的安全保护。

 项目实施

模块 3
项目 5 任务 1

任务 1　分隔符的插入

任务要求 1：将"毕业论文初稿.wps"另存为"毕业论文-修订.wps",新文档页边距：上、下、左、右均为 2.5 cm。

步骤 1：打开"毕业论文初稿.wps",选择菜单"文件"→"另存为"→"WPS 文字文件(*.wps)",在"另存为"对话框中选择保存路径,文件名为"毕业论文-修订",单击"保存"按钮。

步骤 2：选择"页面布局"选项卡,上、下、左、右页边距都设置为 2.5 cm。

任务要求 2：将第 2 页中的下划线长度设为一致。

知识储备：显示/隐藏格式标记

格式标记在 WPS 文字屏幕上是可以显示的,但打印时却不能被打印出来,如空格符、回车符、制表位等。在屏幕上查看或编辑 WPS 文字时,利用这些编辑标记可以很容易地看出在单词之间是否添加了多余的空格,或段落是否真正结束等。

要在 WPS 文字窗口中显示或隐藏编辑标记,可以单击菜单"文件"→"选项",在"选项"对话框"格式标记"中勾选相应选项,单击"确定"按钮。

步骤 1：按 Alt 键不松手,同时单击鼠标左键,并移动鼠标选定需要删除的下划线,依次松开鼠标和 Alt 键,如图 3-69 所示。

步骤 2：按 Delete 键清除所选内容。

图 3-69　选中的矩形区域

任务要求 3：摘要、第一章至第五章、参考文献等使用"分页符"完成分页。删除"第五章总结与展望 第一节本文工作总结"末尾的"分节符（下一页）"。

知识储备 1：分页和分节

分页和分节,就是对页和节进行分割。一份文档是将整个文档视为一"节",故在对文档进行设置时,默认是作用于整个节的,也就是说,作用于一"节"。节是文档的一部分,可在不同的节中更改页面设置或页眉和页脚等属性。使用节时,只需在 WPS 文字中插入"分节符"。

知识储备 2：分页符

分页符,顾名思义,就是分页,还是在同一节内。也就是说,将前后的内容分割到不同的页面。

99

知识储备3：分节符

分节符是将不同的内容分割到不同的节。需要在一页之内或多页之间采用不同的版面布局时，只需插入“分节符”将文档分成几“节”，然后根据需要设置每“节”的格式即可。可以在这两个节内设置不同的页面效果和页眉页脚等。分节符后的内容如果被放到了下一页，在没有其他设置的情况下，上下页的页码是连续的，节数是连续的。

分节符可选的类型有4种：

(1)“下一页分节符”：插入一个分节符，新节从下一页开始。

(2)“连续分节符”：插入一个分节符，新节从同一页开始。

(3)“偶数页分节符”：插入一个分节符，新节从下一个偶数页开始。

(4)“奇数页分节符”：插入一个分节符，新节从下一个奇数页开始。

总而言之，一页可以包含很多节，一节也可以包含很多页。

步骤1：选择“开始”选项卡→“选项”，在“选项”对话框中，在“格式标记”下勾选“全部”，单击“确定”按钮，如图3-70所示。

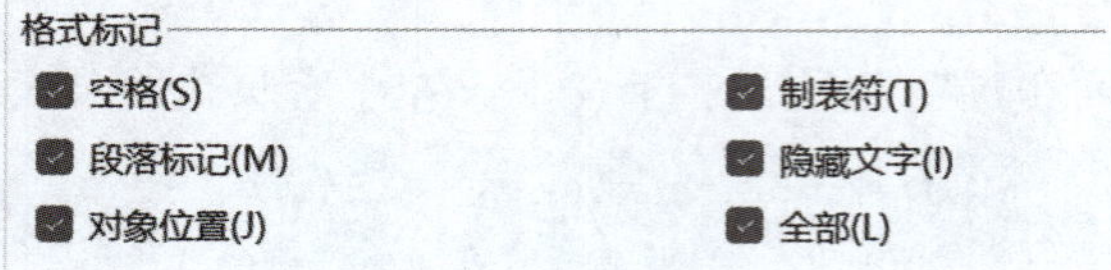

图3-70 “选项”命令

步骤2：将光标定位在文本“摘要”前，选择“插入”选项卡→“分隔符”下拉菜单→“分页符”，完成分页。

步骤3：第一章至第五章、参考文献的分页操作方法同上。

步骤4：找到“第五章总结与展望 第一节本文工作总结”后的分节符，如图3-71所示。将光标定位在“分节符(下一页)”前，按Delete键删除。

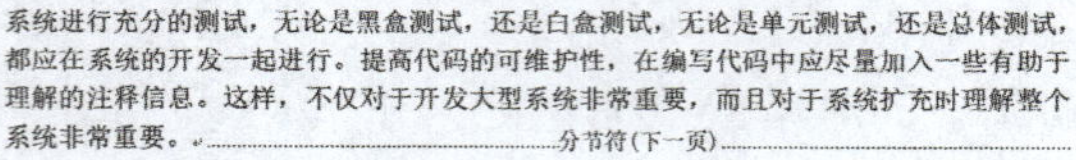
系统进行充分的测试，无论是黑盒测试，还是白盒测试，无论是单元测试，还是总体测试，都应在系统的开发一起进行。提高代码的可维护性，在编写代码中应尽量加入一些有助于理解的注释信息。这样，不仅对于开发大型系统非常重要，而且对于系统扩充时理解整个系统非常重要。分节符(下一页)

图3-71 分节符

任务要求4：在文中第二页姓名上方添加论文标题“生产许可证申报和管理系统”，设置格式：黑体、二号、加粗、居中对齐。

步骤1：将光标定位在第二页姓名上方的某一行，输入文本“生产许可证申报和管理系统”。

步骤2：选取文本，选择“开始”选项卡，设置字体：黑体，字号：二号，字形：加粗，居中对齐。

任务要求5：“摘要”页标题文本设置格式为：黑体、三号、加粗、居中对齐。摘要页中的段落，设置首行缩进2字符；行距：固定值、20磅。“关键字：”设置格式：宋体、小四、加粗。关键词之间用顿号“、”分隔。

步骤1：选择文本"摘要"，选择"开始"选项卡，设置字体：黑体，字号：三号，字形：加粗，居中对齐。

步骤2：选择摘要下方的3个段落，选择"开始"选项卡→"段落"，设置特殊格式：首行缩进，2字符；行距：固定值，20磅。

步骤3：选取文本"关键字："，选择"开始"选项卡，设置字体：宋体，字号：小四，字形：加粗。

步骤4：将关键字之间用"、"分隔。

任务2 新建样式

模块3
项目5任务2

任务要求1：新建样式对各级文本的格式进行统一设置。"内容级别"格式为：宋体、小四、首行缩进2字符、行距：固定值20磅、大纲级别：正文文本。以后建立的样式均以"内容级别"为基础。"第一级别"：黑体、三号、加粗、居中、无首行缩进、段前24磅、段后18磅、大纲级别：1级。"第二级别"：黑体、四号、居中、无首行缩进、段前12磅、段后6磅、大纲级别：2级。"第三级别"：黑体、小四、无首行缩进、段前12磅、段后6磅、大纲级别3级。最后，参照"毕业论文-修订.pdf"将建立的样式应用到正文中。

知识储备1：内置样式

样式是段落或字符中所设置的格式集合（包括字体、字号、行距及对齐方式等）。在WPS文字中有两种样式：内置样式和自定义样式。

WPS文字提供多种内置样式，如正文、标题1、标题2、标题3、标题4、页脚等。单击"开始"选项卡→"样式"组右下角的 按钮，如图3-72所示，在列表中显示内置样式。

若内置样式与实际需要的样式有偏差，是可以修改的。操作方法：单击"开始"选项卡→"样式"组右下角的 →"显示更多样式"，在窗口右侧"样式和格式"窗格中选择要修改样式右侧的下拉菜单，选择"修改"（图3-73），在"修改样式"对话框中修改即可。

图3-72 "更多"按钮

图3-73 "修改"标题1

知识储备2：自定义样式

自定义样式是一个非常方便且强大的功能，可以更加高效地编辑文档。通过自定义样式，可以定义想要的字体样式、段落格式、编号格式等，使得同样的格式在文档中多次使用时可以轻松地应用，确保文档风格的统一性。

操作方法：选择"开始"选项卡→"样式"组中的 按钮→"新建样式（N）…"，在窗口右侧"样式和格式"窗格中选择"新样式…"，弹出"新建样式"对话框，如图3-74所示。名称：为自定义的新样式命名；"样式基于"可以在已经设置好的样式基础上，再进行设置。也可单击"格式"按钮中进行更多样式设置。

步骤1：选择"开始"选项卡→"样式"组中的 按钮→"显示更多样式（A）"，在窗口右侧弹出"样式和格式"窗格。

步骤2：单击"新样式…"按钮，弹出"新建样式"对话框。

步骤3：设置名称：内容级别，字体：宋体，字号：小四。

步骤4：单击"格式"按钮→"段落"，在"段落"对话框中设置特殊格式：首行缩进2字符；行距：固定值20磅；大纲级别：正文文本。单击"确定"按钮两次。

步骤5："第一级别""第二级别""第三级别"样式的创建，需要"样式基于"选择"内容级别"，如图3-75所示。其余操作与"内容级别"样式创建相似。

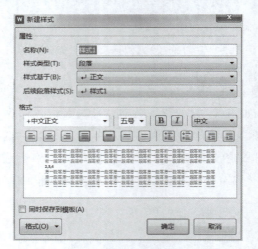
图3-74 新建样式

图3-75 "新建样式"对话框

步骤6：在"样式"选项组列表中会显示创建成功的4个样式名称，如图3-76所示。

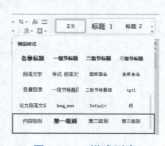
图3-76 样式列表

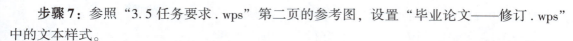

步骤7：参照"3.5任务要求.wps"第二页的参考图，设置"毕业论文——修订.wps"中的文本样式。

步骤8：所有文本样式设置后，选择"章节"选项卡→"章节导航"命令，可以看到全篇文章的排版。

任务要求2：设置文中表格标题格式：宋体、五号、居中对齐，表格：居中对齐。设置文中的图片：居中对齐，图片下方文本格式设置：宋体、五号、居中对齐。

步骤1：选取表格标题，选择"开始"选项卡，设置字体：宋体，字号：五号，居中对齐。选取整张表格，选择"开始"选项卡→"居中对齐"。文中共有两张表格。

步骤2：图片及下方的文字操作与表格操作相似。

任务要求3：参考文献页中的文本设置格式：宋体、五号、自动编号［1］、［2］、［3］、…。

步骤1：选取文本，选择"开始"选项卡，设置字体：宋体，字号：五号。

步骤2：选取文本，选择"开始"选项卡→"段落"组→"编号"下拉菜单→"自定义编号(M)…"，打开"项目符号和编号"对话框。

步骤3：选择"编号"选项卡中第一行第4个阿拉伯数字编号，单击"自定义(T)…"按钮，打开"自定义编号列表"对话框。

步骤4：将光标定位在文本框编号格式最左侧，输入"［"，将光标定位在数字右侧，输入"］"，单击"确定"按钮。

任务要求4：文中"第二章生产许可证申报和管理系统需求分析　第一节系统功能需求　根据这些条件，要求该系统实现以下几个主要功能："，为下方的文本添加编号（1）、（2）、…。

步骤：选取文本，选择"开始"选项卡→"编号"下拉菜单→"(1)(2)(3)"。

任务要求5：为文中"第二节　系统性能需求　生产许可证申报和管理系统在实际运行和使用过程中，性能上应能达到"下方的文字添加编号（1）、（2）、…。

步骤1：选取对应文本，选择"开始"选项卡→"编号"下拉菜单→"(1)(2)(3)"。

步骤2：编号会延续前面的编号，需重新编号。选择"开始"选项卡→"编号"下拉菜单→"自定义编号(M)…"，在"项目符号和编号"对话框中选择"重新开始编号"，单击"确定"按钮。

任务3　生成目录

模块3
项目5任务3

任务要求1：在摘要页后（即第4页）自动生成目录，目录前加上标题"目录"，设置标题文本格式：黑体、三号、加粗、居中对齐。设置目录内容格式：宋体、小四，行距：固定值18磅。

知识储备1：域的概念

域在 WPS 文字中使用比较广泛，有很大作用，域相当于 Windows 系统中的环境变量，可以读取很多信息，是 WPS 文字中一种对象变量。选择"插入"选项卡→"文档部件"下拉菜单→"域(F)…"，打开"插入域"对话框。WPS 域的种类比较多，大概分成 23 类，如公式、跳至文件、当前页码、书签页码、创建目录、邮件合并、样式引用等。

知识储备2：目录中的常见错误及解决方案

1. 未显示目录，却显示 {TOC}

目录是以域的形式插入文档中的。如果看到的不是目录，而是类似于 {TOC} 这样的代码，则说明显示的是域代码，而不是域结果。若要显示目录内容，可右击该域代码，在快捷菜单中选择"切换域代码"即可。

2. 显示"错误！未定义书签"，而不是页码

需要更新目录。在错误标记上右击，在快捷菜单中选择"更新域"，在"更新目录"对话框中选择更新的方式。

3. 目录中包含正文内容（图片）

需要选中错误生成目录的正文内容（图片），重新设置其大纲级别为"正文文本"。

步骤1：将光标定位在第 4 页标题前，选择"引用"选项卡→"目录"下拉菜单→"自定义目录"，打开"目录"对话框。

步骤2：选择"选项"，在"目录选项"对话框中删除"目录级别"中的数字"1、2、3"，在"有效样式"中找到创建的自定义目录，在"第一级别"后输入"1"，在"第二级别"后输入"2"，在"第三级别"后输入"3"，如图 3-77 所示，单击"确定"按钮。

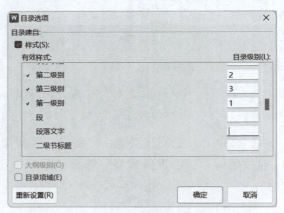

图 3-77 "目录选项"对话框

步骤3：再次单击"确定"按钮，生成目录。

步骤4：为生成的目录添加标题文本"目录"，设置格式字体：黑体，字号：三号，字形：加粗，居中对齐。

步骤5：选取目录内容，设置格式：字体：宋体，字号：小四，打开"段落"对话框，设置行距：固定值 18 磅，效果如图 3-78 所示。

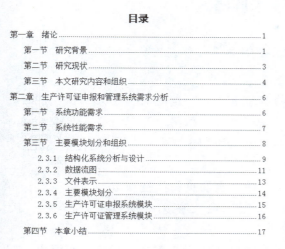

图 3–78　毕业论文目录

> **任务要求 2**：为文档添加页眉和页脚。页眉添加单实线，页眉左侧插入 logo 图片，页眉中间位置添加文本"毕业论文"，字体：华文琥珀。页脚中间位置插入页码。

知识储备：页眉横线

插入页眉横线，操作方法：进入页眉页脚编辑状态，选择"页眉页脚"选项卡→"页眉横线"，选择横线样式。

删除页眉横线，操作方法：进入页眉页脚编辑状态，选择"页眉页脚"选项卡→"页眉横线"→"删除横线"。

步骤 1：选择"插入"选项卡→"页眉页脚"，光标在页眉处闪烁。

步骤 2：选择"页眉页脚"选项卡→"页眉横线"→"单实线"。

步骤 3：在页眉的中间位置输入文本：毕业论文。选取文本，选择"开始"选项卡，设置字体：华文琥珀。

步骤 4：选择"插入"选项卡→"图片"，在"插入图片"对话框中选择素材文件夹中的"logo.png"，单击"打开"按钮。

步骤 5：选取图片，选择"图片工具"选项卡→"文字环绕"→"四周型环绕"，调整图片大小，移至页眉左侧。

步骤 6：选择"页眉页脚"选项卡→"页眉页脚切换"，将光标定位在页脚编辑区。

步骤 7：选择"插入页码"，默认选项，单击"确定"按钮。

步骤 8：若封面也显示相同的页眉页脚，选择"页眉页脚"选项卡→"页眉页脚选项"，取消勾选"首页不同"复选项，单击"确定"按钮。

步骤 9：选择"页眉页脚"选项卡→"关闭"命令，退出页眉页脚编辑状态。

任务 4 插入页码

任务要求：目录后的"第一章"在新页显示，且新页起始页码为"1"。去除封面页、摘要页和目录页的页眉，页脚页码为罗马字符。

步骤 1：将光标定位在第一章标题前，选择"页面布局"选项卡→"分隔符"→"下一页分节符"，完成分页。

步骤 2：在第一章所在页的页眉处双击鼠标，进入页眉编辑状态，选择"页眉页脚"选项卡→"同前节"。

步骤 3：将光标定位到第一章页脚编辑区，选择"页眉页脚"选项卡→"同前节"。选择页脚处"重新编号"命令，将光标定位在文本框数字"1"后，按 Enter 键。

步骤 4：将光标定位在论文前 5 页中任意一页的页眉编辑区，删除页眉文本和图片，选择"页眉页脚"选项卡→"页眉横线"→"删除横线"。

步骤 5：将光标定位在该页页脚编辑区，选择"页码设置"命令→样式：Ⅰ、Ⅱ、Ⅲ、…，单击"确定"按钮。

模块3
项目5任务4

任务 5 插入组织结构图

任务要求 1：使用组织结构图，重新绘制"图 2.6 生产许可证管理系统模块划分"，删除多余的"企业通讯录""获得生产许可证企业明细"。

步骤 1：选择"插入"选项卡→"流程图"→"组织结构图"。加载后，选择"常规"→"组织架构图"→"组织架构图（手动）"，如图 3-79 所示。

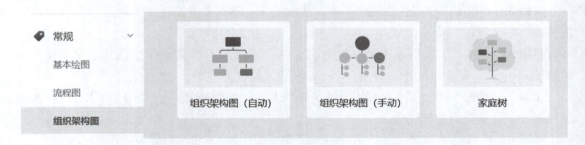

图 3-79 组织结构图

步骤 2：鼠标单击左侧"组织结构图卡片"符号，同时拖动鼠标至右侧编辑区，松开鼠标后，该卡片显示在编辑区。

步骤 3：鼠标双击该卡片，输入文本：生产许可证管理系统。

步骤 4：复制矩形，制作第 2 层、第 3 层矩形对象，修改对应文本。

步骤5：绘制连线。鼠标放置在第1层矩形下方中间控点位置，鼠标呈现"+"形状，单击鼠标左键并移动鼠标到第2层矩形"数据管理"上方中间控点位置处，松开鼠标，两个模块之间的连线出现。

步骤6：其余矩形的连接方式同步骤5。

步骤7：选择"导出"→"PNG图片"，在"导出为PNG图片"对话框中设置保存路径和名称，单击"导出"按钮。

步骤8：返回"毕业论文——修订.wps"，将原图2.6删除，选择"插入"选项卡→"图片"，选择刚刚导出的组织结构图，单击"确定"按钮。设置图片的环绕方式，调整大小及位置。

> **任务要求2**：将"表4.2 申请许可证的产品信息表"中的英文字母全部更改为大写。

步骤：选中表格，选择"开始"选项卡→"字体"，效果勾选"全部大写字母"，单击"确定"按钮，如图3-80所示。

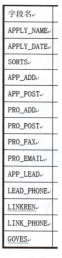

图3-80 大写后效果

任务6 插入批注

模块3
项目5 任务6

> **任务要求1**：给"第五章 总结与展望"中的"第一段文字"插入批注，批注内容为"此处可适当增加描述文字"。

知识储备：审阅

批注是作者或审阅者为文档添加的注释，WPS文字在文档的左右页边距中显示批注。在编写文档时，利用批注可以方便地修改审阅和添加注释。

1. 显示

在"显示标记"下拉菜单中勾选"批注"，就能看到文档中的所有批注；反之，可以暂时关闭文档中的批注，也可以显示/隐藏其他修订标记。

2. 记录修订轨迹

在"修订"下拉菜单中选择"修订"命令，可记录下所有的编辑过程，并以各种修订标记显示在文档中，供接收文档的人查阅。

3. 接收或拒绝修订

打开带有修订标记的文档时，可单击"接收"或"拒绝"下拉按钮来有选择地接收或拒绝别人的修订。

4. 退出修订

在"修订"下拉菜单再次单击"修订"命令，取消选中状态。

5. 删除批注

选中要删除的批注，单击鼠标右键，在快捷菜单中选择"删除批注"。

步骤：选取第五章第一段落文本，选择"审阅"选项卡→"插入批注"，在工作区右侧批注框中输入内容："此处可适当增加描述文字"，如图 3-81 所示。

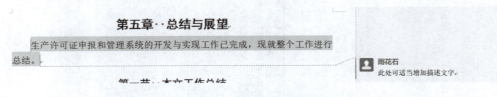

图 3-81 插入批注后的效果

任务要求2：更新目录页码。

步骤1：将光标定位在目录内容中，单击鼠标右键，在快捷菜单中选择"更新域"。
步骤2：在"更新目录"对话框中，选择"只更新页码"，单击"确定"按钮。

实训拓展

一、实训要求

（1）将"基于物联网技术的 RFID 一卡通系统设计（原稿）.wps"另存为"基于物联网技术的 RFID 一卡通系统设计（终稿）.wps"，设置页边距为上、下：3.8 cm，左、右：3.2 cm。

（2）将摘要、Abstract、第一章至第六章、参考文献完成分页。

（3）设置"摘要"页中标题格式：黑体、小二、加粗、居中对齐。摘要页中段落文本设置首行缩进 2 字符；行距：固定值 20 磅。设置"关键词："格式：宋体、小四、加粗。

（4）设置英文摘要页标题"Abstract"格式：Arial、小二、加粗、居中对齐。设置该页段落文本格式：Times New Roman，小四，1.5 倍行距，段前、段后间距 0.5 行。设置"Keywords"格式：Arial、小四、加粗，后面的文本格式：Times New Roman、小四。

（5）修改样式，对各级文本的格式进行统一设置。

➢ "正文"格式：宋体、小四、两端对齐、首行缩进2字符、单倍行距、大纲级别：正文文本。以后建立的样式均以"正文"为基础。

➢ "标题1"格式：黑体、三号、加粗、居中对齐、无首行缩进、单倍行距、段前间距24磅、段后间距18磅、大纲级别：1级。

➢ "标题2"格式：黑体、四号、加粗、居中对齐、无首行缩进、单倍行距、段前间距24磅、段后间距16磅、大纲级别：2级。

➢ "标题3"格式：黑体、13、无首行缩进、单倍行距、段前间距12磅、段后间距6磅、大纲级别：3级。

➢ 将修改的样式应用到正文。

（6）设置多级编号。1级编号：第＊章，2级编号：第＊节，3级编号：＊.＊.1、＊.＊.2、…。最后将提示文字删除。

（7）参考文献页设置文本格式：宋体、五号、首行缩进2字符，行距：固定值16磅，自动编号［1］、［2］、［3］、…。

（8）将正文中符号［1］~［10］设为上标。

（9）在英文摘要页后（即第4页开始）自动生成目录，目录前加上标题"目录"，标题格式：宋体、16、加粗、居中对齐、无首行缩进、单倍行距、段前间距24磅、段后间距18磅，整体目录内容格式：宋体、10。

（10）目录后的第一章另起新页，且新页从"1"编辑页码。封面页不编写页眉页脚，摘要页到目录页的页码为大写罗马字符。

（11）页眉。从摘要页开始，页眉为标题，正文的页眉为章节一级标题，设置页眉格式：宋体、10.5、居中对齐、每页添加页眉横线。

（12）更新目录页码。

（13）为文中的图和表添加题注（图和表的标题分别在图的下方和表的上方有提示文本），将图、表以及提示文字居中对齐。

知识储备1：多级编号

多级编号是用于为文档或列表设置层次结构而创建的列表，文档最多可有9个级别，如图3-82所示。以不同的级别显示列表项，而不是只缩进一个级别。

课上练习1：为文本创建多级编号，如图3-83所示。

步骤1：打开"实训练习1——多级编号素材与效果图.wps"。

步骤2：参照效果图，将第一章、第二章、第三章对应的文本样式设为标题1。

步骤3：将1.1、1.2、2.1、2.2、3.1、3.2、3.3、3.4对应的文本样式设为标题2。

步骤4：将1.1.1、1.1.2、…对应的文本样式设为标题3。

步骤5：选择"开始"选项卡→"编号"下拉菜单→"自定义编号(M)…"，在"项目符号和编号"对话框中选择"多级编号(U)"选项卡，选择"第一章1.1　1.1.1"，单击"自定义(T)…"按钮，如图3-84所示。

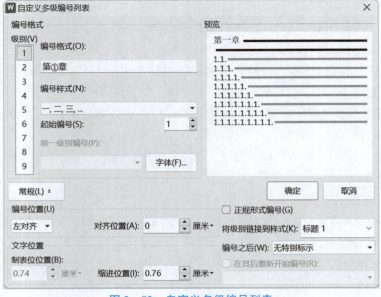

图 3-82 自定义多级编号列表

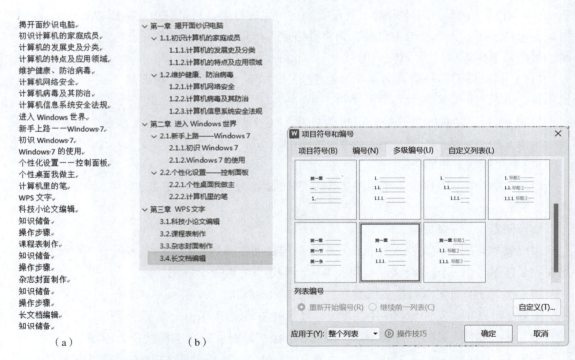

图 3-83 普通文本（a）和为多级编号文本（b）　　　　图 3-84 多级编号

步骤6：在"自定义多级编号列表"对话框中，单击"高级(M)"按钮。
步骤7：选择级别：1，设置"将级别链接到样式(K)："标题1。
步骤8：选择级别：2，设置"将级别链接到样式(K)："标题2。
步骤9：选择级别：3，设置"将级别链接到样式(K)："标题3。

步骤 10：单击"确定"按钮。

步骤 11：选择"视图"选项卡→"导航窗格"命令。

知识储备 2：题注

题注是 WPS 文字给文档中的表格、图片、图表、公式等添加的编号和名称。插入、删除或移动题注后，WPS 文字会给题注重新编号。当文档中图、表数量较多时，由 WPS 文字自动添加序号，既省力，又杜绝错误。

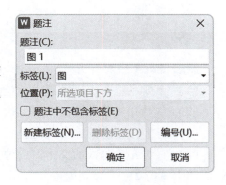

图 3-85 "题注"对话框

步骤 1：选中需要添加题注的图或表。

步骤 2：单击"引用"选项卡→"题注"命令，弹出"题注"对话框，如图 3-85 所示。

步骤 3："标签"选择图或表。

步骤 4：对图，"位置"：所选项目下方；对表，"位置"：所选项目上方。

步骤 5："题注"文本框显示图或表的顺序号，在后方输入相关的文字信息。

步骤 6：若图或表的序号复杂，单击"编号(U)…"按钮进行设置。

知识储备 3：插入表目录

插入表目录，可将添加题注的图、表、图表、公式等信息像目录一样列出来，通过按 Ctrl 键和鼠标单击可快速到达图表在文档中的位置。

知识储备 4：拼写检查

可以检查当前文档中的拼写错误。操作方法：选择"审阅"选项卡→"拼写检查"，当拼写无误时，会提示拼写检查已完成。

（1）当拼写有误时，会弹出拼写检查对话框。在检查的段落中，可见拼写错误的单词语句会被标红处理。可以手动更改为指定单词，或是根据拼写建议进行修改。

（2）单击"更改"按钮可以更改当前错误拼写。

（3）单击"全部更改"按钮可以将错误拼写全部替换更改。

（4）若想忽略此错误，可选择"忽略"/"全部忽略"。

（5）单击"删除"按钮，可以快速删除错误的拼写。

（6）如果拼写的单词不在词典中，单击"添加到词典"按钮，可以将单词添加到词典。再次拼写时就不会出现错误提醒。

（7）单击"自定义词典"按钮，可以添加、删除词典库。在拼写检查的选项处可以设置提醒选项，如检查时忽略全字母大写的单词或者忽略带有数字的单词。

知识储备 5：制表位的设置

制表位是指水平标尺上的位置，作用是通过设置后，快速调整文本在输入时候的位置，达到对文字、符号、目录、列表能够向左、向右、居中、小数点对齐等排版效果。操作方法：勾选"视图"选项卡中"标尺"复选项，在工作区打开标尺，标尺中的数字是字符数。单击"开始"选项卡中的"制表位"按钮，如图 3-86 所示，打开"制表位"对话框。

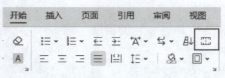

图 3-86 "制表位"按钮

制表位有 4 种对齐方式：

（1）小数点对齐：小数点以此位置居中对齐。

（2）左对齐：输入的文本以此位置左对齐。

（3）居中：输入的文本以此位置居中对齐。

（4）右对齐：输入的文本以此位置右对齐。

课上练习 2：设置制表位

步骤 1：勾选"视图"选项卡中"标尺"复选项，将标尺打开。

步骤 2：单击"开始"选项卡中的"制表位"按钮，打开"制表位"对话框。

步骤 3：设置"制表位位置"：10 字符，对齐方式：左对齐，制导符：无，单击"设置"按钮，将设置添加到列表。

步骤 4：设置"制表位位置"：20 字符，对齐方式：居中，制导符：无，单击"设置"按钮，将设置添加到列表。

步骤 5：设置"制表位位置"：30 字符，对齐方式：右对齐，制导符：无，单击"设置"按钮，将设置添加到列表，如图 3-87 所示。

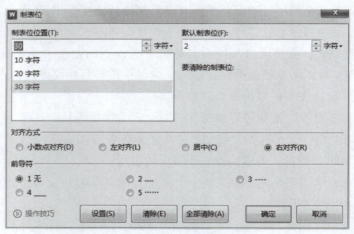

图 3-87 设置制表位

步骤 6：单击"确定"按钮，标尺中的制表符如图 3-88 所示。

图 3-88 制表符

步骤 7：在编辑区按 Tab 键，插入点跳到第 1 个制表符，输入：姓名。

步骤 8：按 Tab 键，插入点跳到第 2 个制表符，输入：性别。

步骤 9：按 Tab 键，插入点跳到第 3 个制表符，输入：专业。

步骤 10：按 Enter 键，换到下一行。按 Tab 键，输入：释文；按 Tab 键，输入：女；按 Tab 键，输入：计算机应用。输入内容如图 3-89 所示。

图 3-89 设置制表位效果图

知识储备 6：插入文件或超链接

（1）设置超链接。

超链接是指带有颜色和下划线的文字或图形，单击后可以转向其他文件或网页（自动生成的目录，按 Ctrl 键就可到达该标题在文档中的位置）。操作方法：选中需要添加超链接的文本或图片，单击鼠标右键，在快捷菜单中选择"超链接(H)…"，在"插入超链接"对话框中选择链接的目标（本文档中的位置、其他文件或网址等）。设置完成后，单击"确定"按钮，如图 3-90 所示。

图 3-90 "插入超链接"对话框

（2）打开超链接。超链接设置完成后，按 Ctrl 键+鼠标单击即可跳转到指定位置。

（3）删除超链接。鼠标右击链接文本或图片，在快捷菜单中选择"取消超链接"。

知识储备 7：文档的安全保护

（1）设置文档密码。

选择菜单"文件"→"文件加密"→"密码加密"，设置密码后，用户需要通过密码查看文件。可设置"修改文件密码",设置密码后,用户可通过密码对文件进行编辑操作。

(2)将文档导出为加密 PDF。

选择菜单"文件"→"将文档直接输出为 PDF",在对话框中单击"设置"按钮,输入密码,并在确认框中两次确认,之后即可将其导出为标准的加密型 PDF 文件。

(3)私密文件夹。

虽说电脑能加密保护,但一台设备加密,其他设备就不能查看的方法,十分不方便。在信息时代,总需要在不同的设备查看并编辑文档,使用 WPS 私密文件夹功能就能解决这个问题。其优点是账号加密+密码加密双重认证;支持多设备、多平台实时查看;无痕使用,打开不留任何痕迹。

电脑版操作步骤:

步骤 1: 登录 WPS 账号,选择"首页"→"文档"→"我的云文档"→"私密文件夹",如图 3-91 所示。

图 3-91 "首页"下拉菜单

步骤 2: 单击"立即开启"按钮,设置 8~16 位密码即可成功创建,如图 3-92 所示。

图 3-92 设置密码

步骤 3：选中需要移至私密文件夹中的文件，在"文件"中的"文件加密"右侧下拉菜单中选择"移入私密文件夹"，如图 3-93 所示。

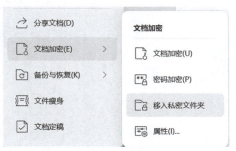

图 3-93　快捷菜单

手机版操作步骤：

步骤 1：登录 WPS 账号，选择"云文档"→"私密文件夹"，单击"立即使用"按钮，设置 8~16 位密码即可成功创建，如图 3-94 所示。

图 3-94　手机操作界面

步骤 2：将文件移至私密文件夹，或直接新建就能实现加密。在一台设备上创建私密文件夹后，无须在其他设备重复创建，只要登录同一 WPS 账号，私密文件夹就会一直存在。

二、实训效果图

见素材文件夹中"基于物联网技术的 RFID 一卡通系统设计(终稿).pdf"。

项目 6

工作卡的批量制作

项目情境

滨小职同学要为各学院学生会成员制作统一格式的工作卡,使用邮件合并功能的工作效率相当高。

项目分析

(1) 制作工作卡的人数众多,那么如何将所有相关信息填入工作卡?

使用"邮件合并"功能,但需要提前准备基础信息,保存在 *.xlsx 文件中。

(2) 照片和文本信息合并的方法一样吗?

不一样,因为基础信息文件中不能保存照片,只能在单元格中保存照片存放的绝对地址,需要使用"域"中的"插入图片"命令。

项目目标

(1) 掌握"邮件合并"的方法。
(2) 掌握链接数据源文件的方法。
(3) 掌握插入图片的方法。
(4) 掌握插入合并域的方法。
(5) 在实际生活中能够灵活运用。

项目实施

模块3
项目6 任务1

任务 邮件合并

任务要求:打开"3.6 拓展任务——工作卡.wps",将"3.6 学生会名单.xlsx"中的姓名、职位、部门、图片等内容添加到WPS文档中,另存为"学生会工作卡.wps"。

知识储备1:邮件合并

邮件合并是一种可以批量处理的功能,主要作用是批量打印信封,并按统一的格式将电子表格中的邮编、收件人地址和收件人打印出来。先建立两个文档：一个包括所有文件共有内容的主文档（比如未填写的信封等）和一个包括变化信息的数据源 Excel（填写的收件人、发件人、邮编等），然后使用邮件合并功能在主文档中插入变化的信息，合并后的文件用户可以保存为 Word 文档，可以打印出来，也可以邮件形式发出去。日常工作中可以批量打印各类获奖证书、准考证、明信片、邀请函、工作牌等。

知识储备 2：域

域的中文意思是范围，类似于数据库中的字段，实际上，它就是 WPS 文字中的一些字段。每个域都有唯一的名字，但有不同的取值。用 WPS 文字排版时，若能熟练使用域，可增强排版的灵活性，减少许多烦琐的重复操作，提高工作效率。操作方法：选择"插入"选项卡→"文档部件"下拉菜单→"域(F)…"，打开"域"对话框。WPS 域的种类比较多，大概有 23 类，如图 3-95 所示。

图 3-95 "域"对话框

知识储备 3：工作路径

工作路径是伴随着进程或者当前运行程序而存在的，表示该进程或者运行程序是在哪个路径下被打开的。

知识储备 4：绝对路径

Windows 下绝对路径就是指包含从盘符开始的完整路径，比如 E:\code\com\readme.txt 就是绝对路径。

知识储备 5：相对路径

是从当前路径开始的路径。

（1）以"/"开头：代表根目录。根目录不是指项目文件夹目录，而是当前文件或文件夹所在的盘符目录，如 Windows 上的 C:/、D:/等盘符根目录。

（2）以"./"开头：代表当前目录．可忽略不写。如"./bin/***.lib"和"bin/**.lib"表达意思一致。

（3）以"../"开头：代表当前目录的上一层目录，即当前目录的父目录。

步骤1：打开"3.6 学生会工作卡格式.wps"，选择"引用"选项卡→"邮件"→"邮件合并"选项卡→"打开数据源"，如图 3-96 所示。

图 3-96 "邮件合并"选项卡

步骤2：在"选取数据源"对话框中，找到素材文件夹中的"3.6 学生会名单.xlsx"，单击"打开"按钮。

步骤3：将光标定位到姓名上方的单元格内，选择"插入"选项卡→"文档部件"下拉菜单→"域(F)…"。

步骤4：在"域"对话框中，域名选择"插入图片"，在右侧"域代码"文本框中出现"INCLUDEPICTURE"。

步骤5：在"INCLUDEPICTURE"后输入英文状态下的一对双引号，在双引号内输入数字"1"，单击"确定"按钮，如图 3-97 所示。

步骤6：工作卡中未显示图片，如图 3-98 所示。

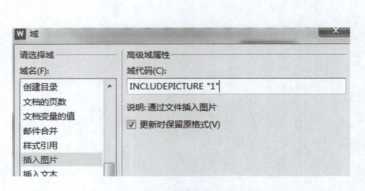

图 3-97 "域"对话框

图 3-98 工作卡效果图 1

步骤7：将光标定位在图片位置，按 Alt+F9 组合键，图片位置出现域代码"{INCLUDEPICTURE "1" * MERGEFORMAT}"，如图 3-99 所示。

步骤8：选取数字"1"，选择"邮件合并"选项卡→"插入合并域"，在"插入域"对话框中选择"照片"，单击"插入"按钮，再单击"关闭"按钮，如图 3-100 所示。（提示：图片应提前放在与电子表格中照片字段对应的路径中。如不相符，可自行调整图片或者路径。电子表格照片字段中每条记录写绝对地址，并用英文状态下的\\分隔。）

步骤9：工作卡图片中显示的是域代码，如图 3-101 所示，按 Alt+F9 组合键，恢复图片显示格式，图片还未显示，进行下一步操作。

步骤10：将光标定位在姓名右侧的单元格内，选择"邮件合并"选项卡→"插入合并域"，打开"插入域"对话框，选择"姓名"，单击"插入"按钮，再单击"关闭"按钮。

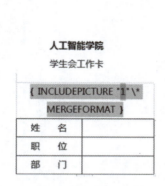

图 3-99　显示域代码的工作卡

图 3-100　"插入域"对话框

步骤 11："职位"和"部门"插入域的操作方法与步骤 10 的相似。

步骤 12：选择"邮件合并"选项卡→"合并到新文档",在"合并到新文档"对话框中选择"全部",单击"确定"按钮,如图 3-102 所示。

图 3-101　插入照片地址的域代码

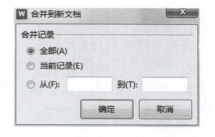

图 3-102　"合并到新文档"对话框

步骤 13：在新文档"文字文稿"中,显示 10 页有不同姓名、职位、部门的工作卡,图片仍然未显示。

步骤 14：按 Ctrl + A 组合键,选取文档中全部内容,按 F9 键刷新,图片全部显示,如图 3-103 所示。

 实训拓展

一、任务要求

参照效果图制作邀请函,数据内容存放于"3.6 邀请函名单.xlsx"中,将制作好的邀请函以单个文档的形式存放,单个文档以姓名命名。

知识储备 1：合并到不同新文档

将文档分割为单个文档,对文档的命名可以有多种选择。打开生成的单个文档,若图片未显示,使用 Ctrl + A 组合键选取全部内容,按 F9 键刷新,保存。再次打开文档就正常显示了。

图 3-103 完成的工作卡

知识储备 2：文档合并

将多个 WPS 文件合并成一个文件。操作方法：新建"WPS 文字"文档，单击"插入"选项卡→"对象"下拉菜单→"文件中的文字（F）…"，在"插入文件"对话框中选择 4 个素材文件，如图 3-104 所示。单击"打开"按钮，4 个文件的文本内容合并到新建文件中。

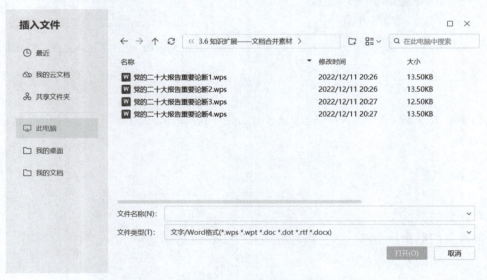

图 3-104 选取多个文件

二、实训效果图

如图 3-105 所示。

图 3-105　邀请函格式

小　　结

WPS 文字是 WPS Office 办公软件中的主要组件之一。本模块先介绍了 WPS 文字工作界面，包括标题栏、菜单栏、编辑区、状态栏、视图切换 5 个部分。然后通过 6 个项目详细介绍 WPS 文字的常用功能。文档的编辑包括字体和段落的调整、图片的混合排版，要求熟练操作，能够对文档进行基本的排版。表格的设置包括边框和底纹的调整、单元格的合并与拆分、公式计算，并且能利用所学知识美化表格。WPS 文字中可以插入形状、图片、页眉页脚、页码、文本框、艺术字、项目符号、编号等。长文档编辑包括生成目录、新建样式、统计字数等。邮件合并按统一格式批量完成。

课后习题

一、单选题

1. 使用 WPS 文字制作简历、编写报告时，可以用（　　）插入一个美观的封面。

A. "章节"选项卡　　　　　　　　B. "引用"选项卡

C. "视图"选项卡　　　　　　　　D. "插入"选项卡

2.（　　）是 WPS 文字新增的视图模式，方便用户以阅读图书的形式进行展示，可以便捷使用目录导航、显示批注、突出显示、查找等功能。

A. 阅读版式　　　　　　　　　　B. 大纲视图

C. 全屏显示　　　　　　　　　　D. 页面视图

3. 在 WPS 文字中，要自动生成目录，需先对各章节的标题应用（   ）。
   A. 模板　　　　　　　B. 样式　　　　　　　C. 索引　　　　　　　D. 项目编号

4. 在编辑 WPS 文档时，（   ）按钮用来增加图片的对比度。
   A. ◐　　　　　　　　B. ◑　　　　　　　　C. ☼　　　　　　　　D. ☀

5. 在 WPS 文字中，要将相邻页面的页码设置为不连续数值，应先在两页之间插入（   ）。
   A. 分页符　　　　　　B. 制表位　　　　　　C. 分节符　　　　　　D. 换行符

6. 导航窗格中的（   ）可以更加直观地查看整个文档结构框架，自由跳转查看内容。
   A. 目录标签页　　　　　　　　　　　　　　B. 章节标签页
   C. 书签标签页　　　　　　　　　　　　　　D. 交叉引用

7. 在 WPS 文字中，超链接在（   ）下。
   A. "开始"选项卡　　　　　　　　　　　　　B. "插入"选项卡
   C. "审阅"选项卡　　　　　　　　　　　　　D. "视图"选项卡

8. 编辑 WPS 文档时，为文档的文本提供解释需要插入脚注，脚注一般出现在（   ）。
   A. 文档中每一页的顶部　　　　　　　　　　B. 文档中每一页的底端
   C. 整个文档的结尾　　　　　　　　　　　　D. 文档中每一节的结尾

9. 在 WPS 文字中，添加页码应选择（   ）。
   A. "文件"选项卡　　　　　　　　　　　　　B. "插入"选项卡
   C. "页面布局"选项卡　　　　　　　　　　　D. "视图"选项卡

10. 在 WPS 文字中，下列叙述错误的是（   ）。
    A. 可以对不同的"节"设定不同的页码
    B. 图片插入文档后，不能对其修改亮度
    C. 已定义好的"样式"可以根据用户需要调整
    D. 表格跨页显示时，要使每页显示相同的标题行，应使用"标题行重复"命令

二、多选题

1. 在 WPS 文字中，下列关于页眉页脚的叙述，错误的（   ）。
   A. 不能为文档的每个节设置不同的页眉页脚
   B. 页脚插入的页码只能从 1 开始
   C. 奇偶页可以分别设置不同的页眉页脚
   D. 添加页码在"视图"选项卡中进行设置

2. 在 WPS 文字中，"引用"选项卡主要包括（   ）。
   A. 目录　　　　　　　B. 题注　　　　　　　C. 章节导航　　　　　D. 交叉引用

3. 在 WPS 文字中，有关表格的说法，正确的有（   ）。
   A. 通过"插入"选项卡可插入表格
   B. 表格中的单元格可以合并及拆分
   C. 表格中的数据不能排序
   D. 单元格内默认的对齐方式是"水平居中"

4. 在 WPS 文字中，下列关于表格的描述，正确的有（　　）。
   A. 表格中可以添加斜线　　　　　　B. 可以将表格转换成文本格式
   C. 表格中的数据不能排序　　　　　D. 表格中不可以插入图
5. WPS 文字中的交叉引用功能，可以引用文档中的（　　）等，按 Ctrl 键，单击引用即可快速跳转。
   A. 标题　　　　　B. 题注　　　　　C. 书签　　　　　D. 参考文献
6. WPS 文字中的"图片工具"提供了（　　）的图片裁剪方式。
   A. 按形状裁剪　　　　　　　　　　B. 按比例裁剪
   C. 按大小裁剪　　　　　　　　　　D. 按区域裁剪
7. 下列选项中，WPS 文字的视图模式有（　　）。
   A. 阅读版式　　　B. 大纲视图　　　C. 全屏显示　　　D. 页面视图
8. WPS 文字的功能包括（　　）。
   A. 收发邮件　　　B. 表格操作　　　C. 图片处理　　　D. 文档

模块四　WPS 表格

WPS表格软件是金山软件公司研发一种办公软件中的组件，也称作电子表格软件，它可以输入/输出、显示数据，也可以利用公式计算一些简单的加减法，还可以帮助制作各种复杂的表格文档，进行烦琐的数据计算，并能对输入的数据进行各种复杂统计运算后显示为可视性极佳的表格，同时，它还能形象地将大量枯燥无味的数据变为多种漂亮的彩色商业图表显示出来，极大地增强了数据的可视性。另外，电子表格还能将各种统计报告和统计图打印出来。其在办公文秘、财务会计、市场营销、人力资源、数据分析、行政事业单位等各行各业领域有广泛的应用。

项目 1

健康信息登记表

🎯 项目情境

国务院联防联控机制 2023 年 2 月 23 日召开新闻发布会，国家卫健委新闻发言人、宣传司副司长米锋说，经过全党全国各族人民的同心抗疫，我国取得疫情防控重大决定性胜利。当前，全球疫情仍在流行，新冠病毒还在不断变异。要围绕"保健康、防重症"，压实"四方责任"，盯紧关键环节，继续完善"乙类乙管"各项措施，进一步提升常态化防控和应急处置能力。学校作为疫情防控的前线阵地之一，防疫仍列为日常工作。尤其是学生平时住校，假期回家，老师往返学校与家之间，人口密集且流动性大。为了确保校园疫情安全，通常学校都要求师生在返校时出示健康码与行程码。因此，很多学校在收集防疫资料时，会使用信息化手段。此时，助理辅导员要求滨小职帮忙完成如图 4-1 所示的返校信息登记表，内容包括宿舍号、姓名、联系电话、体温、有无症状、备注、返校日期等，请大家帮帮他。

青岛滨海大学艺术与设计学院返校信息登记表						
宿舍号	姓名	联系电话	体温（℃）	有无症状	备注	返校日期
1-101	姜萌	15743966292	36.3	无	无	2023-3-7
1-202	高予彤	19811805444	36.2	无	无	2023-3-7
1-202	范彬	17375985785	36.9	无	无	2023-3-7
2-210	赵志华	17964455990	37.8	发热、咳嗽	需要上报	2023-3-7
2-308	王宇科	13920937484	36.7	无	无	2023-3-7
2-414	董伟	15605776334	37	无	无	2023-3-7
3-501	顾泰	13453000587	36.8	无	无	2023-3-8
4-101	刘畅	18822950665	36.7	无	无	2023-3-8
4-101	马天裔	15025586236	36.5	无	无	2023-3-8
5-220	王璐璐	15620389789	36.3	无	无	2023-3-9
5-312	付颖	13001196961	38.4	发热	需要上报	2023-3-9
5-617	吴熙玫	18502222439	37.5	发热	需要上报	2023-3-9
6-405	赵平生	15586329952	37.1	无	无	2023-3-9

图 4-1 健康信息登记表

🎯 项目分析

（1）数据处理软件有哪些？

通过数据处理软件，可以直观地了解数据信息，其还提供了数据分析与处理统计服务。WPS 表格是最常见的办公软件之一，可以快速地对数据进行筛选、整合处理等。它不仅是一个存储数据的容器，用户还可以借助其强大的函数、透视表、可视化、宏等功能来完成大量的数据分析工作。其被广泛地应用于管理、金融等众多领域。如果数据量较少，WPS表格对数据处理可以很好地支持。

（2）WPS 表格如何管理数据？

WPS 表格可对数据进行存储、筛选、排序、分析等。

（3）你知道健康通行码背后的故事吗？

"健康通行码"是以真实数据为基础，由市民或者返工返岗人员通过自行网上申报，经后台审核后，生成的属于个人的二维码。健康码作为抗疫"神器"，一度让外国人惊叹为"不可思议"的系统。表面上一个小小的健康码，亿万次的一点一扫背后是海量数据的汇集碰撞，是对承载健康码的政务信息系统的巨大考验。

疫情发生以来，全国科技部门和大量科研工作者投入抗疫一线，参与疫情防控，展开科技攻关，取得了积极的成效。健康码的诞生、模型预测系统的提出……实践证明，科技手段是打赢疫情防控阻击战不可或缺的坚实力量，必须切实发挥科技力量的支撑作用，用强大的科学武器保护人们的健康安全。

 项目目标

（1）熟悉 WPS 表格的工作界面。
（2）掌握 WPS 表格的基本操作。

 项目实施

任务1　创建健康信息登记表

模块 4
项目 1 任务 1

任务要求 1：新建 WPS 表格，新文档命名为健康信息登记表.et，保存到 D 盘根目录。

知识储备 1：WPS 表格的启动与退出

1. WPS 表格的启动

与 WPS 文字类似，有多种启动方式。

方法 1：双击桌面 WPS Office 图标，启动 WPS 软件。

方法 2：单击屏幕左下方"开始"→"所有程序"→"WPS Office"→"WPS Office"命令选项，启动 WPS 软件。

2. WPS 表格的退出

方法 1：单击标题栏右侧的"✕"（关闭）按钮。

方法 2：单击"文件"→"退出"命令。

方法 3：按快捷键 Alt + F4。

知识储备 2：认识 WPS 表格的工作界面

在使用 WPS 表格之前，首先要了解它的工作界面，如图 4 – 2 所示。

图 4 – 2　WPS 表格的工作界面

WPS 表格界面中的各功能区与 WPS 文字的大致相同，多了表格处理中的名称框、全选按钮、活动单元格等专属区域。

活动单元格：用户在使用鼠标或键盘选中某一单元格时，表示该单元格已被选取，称为"活动单元格"，其四周边框为黑色粗边框。

名称框：显示当前活动单元格所在的行号 + 列标。如图 4 – 2 所示，活动单元格为第一行第一列，此时在名称框显示为"A1"。

全选按钮：单击该按钮，整个工作表区的所有单元格均处于选中状态。

数据编辑栏：该区域可显示活动单元格的内容、公式、函数等，用户可直接在编辑栏内修改单元格中的数据。

工作表区：WPS 表格中的工作表区是由行和列交织而成的网状数据编辑区域，行数最高为 1 048 576 行，列数最高为 16 384 列（A ~ XFD 列）。

知识储备 3：工作簿和工作表

启动 WPS 表格时，默认会自动新建一个工作簿，扩展名为 . et。

在 WPS 表格中，数据存储在单元格中，单元格组成单元格区域，把 1 048 576 行和 16 384 列组成的完整区域称为一张工作表。创建工作簿时，默认包含一张工作表，名称为"Sheet1"。每个工作簿最多可容纳 255 张工作表。

知识储备 4：WPS 表格的文件类型

WPS 表格提供的可保存类型包括 ＊. et、＊. ett、＊. xls、＊. xlt、＊. xlsx、＊. xlsm、＊. dbf、＊. xml、＊. htm/html、＊. txt、＊. xltx、＊. xltm、＊. pdf 等。

步骤 1：使用与模块三任务中相同的方法启动 WPS Office。

步骤 2：选择"首页"→"新建"→"新建表格"→"空白文档"，如图 4 – 3 所示。

步骤 3：单击工作栏中的"保存"按钮，将表格保存至 D:\并命名为健康信息登记表，保存格式为 . et。

任务要求 2：按图 4 – 1 完成健康信息登记表中内容的录入。

图 4 – 3 创建新 WPS 表格

知识储备 1：数字格式

数字格式是单元格格式的一种，其中内置多种格式，可具象表达数值、货币、日期等不同类型的单元格内容，如图 4 – 4 所示。调用方法如下。

方法 1：单击要设置格式的单元格，在"开始"选项卡中找到默认为"常规"的下拉列表框。

方法 2：在活动单元格的位置右击，打开"设置单元格格式"对话框，单击"数字"选项卡即可（默认显示的是"数字"选项卡）。使用快捷键 Ctrl + 1 同样可以打开对话框。

知识储备 2：数据的录入

在 WPS 表格中，录入的数据可以是文字、数字、日期、公式、函数等。

默认情况下，输入文本数据后，单元格数据左对齐，输入数字将左对齐，当输入的数字位数大于 11 时，数据的显示将由数字自动转换为文本格式（单元格左上角出现绿色三角形标记），如图 4 – 5 所示。若不想以这种格式显示数据，可选中该单元格，出现叹号后单击，选择列表中的"转换为数字"即可以科学记数法显示。

图 4 – 4 WPS 表格中的数字格式

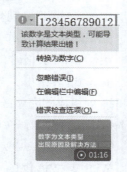

图 4 – 5 格式转换

提示：按 Enter 键可表示结束该单元格的录入，若此时发现单元格中的内容不足 11 位但仍以科学记数法显示，一种情况是数字格式设置为科学记数法，另一种情况是单元格的宽度不够。当宽度值再缩小至科学记数法也不能完整显示时，则以一连串"#"显示内容。宽度值的调整可使单元格恢复数字的正常显示。

日期的默认对齐方式是右对齐，常用的日期格式有"2022 – 5 – 7""2022/5/7""22/5/7""5/7"等，以上这些输入方式在编辑框中均以"2022/5/7"的形式呈现，其中，"5/7"在单元格中显示为"5月7日"。

步骤1：在"Sheet1"工作簿中选择A1单元格，切换至中文输入法，输入"宿舍号"。按Tab键表示完成该单元格的输入且活动单元格会移至同一行的下一列即B1单元格，按此步骤依次输入标题行中的其他内容。

步骤2：依次在A~G列输入图4-1中给出的内容。在C列输入联系电话时，可先将输入法关闭，再输入单引号"'"，此方法可将数字数据看作文本。随之发生改变的是当前单元格的对齐方式。

步骤3：完成录入后，单击"开始"选项卡中的"保存"按钮，对文档进行保存。

> **任务要求3**：为工作表添加标题行"青岛滨海大学艺术与设计学院返校信息登记表"。

知识储备1：单元格的选取

①连续单元格的选定：当鼠标指针为空心十字形时，在要选择连续区域的左上角单元格位置按住左键不放，直至拖曳到该区域的右下角再松开，此时，该区域的左上角单元格中为白色，其余单元格为灰色。

②不连续单元格（单元格区域）的选定：

鼠标左键单击第一个单元格或单元格区域，按住Ctrl键不放，继续选择第2、3个单元格或单元格区域，直至选取结束。

提示：当要选中不同单元格区域的地址时，还可以使用名称框进行操作。在工作窗口的名称框中输入要选取的多个单元格区域地址，地址之间用半角逗号分隔，例如"A100：B105，C108：C110，D100"，然后按Enter键即可选取目标区域。

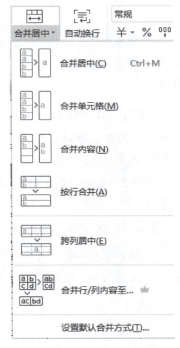

图4-6 合并方式

③选中一行或一列：直接单击行号或列标即可选中一行或一列。

④选中连续的多行或多列：鼠标左键单击第一行的行号或第一列的列标，按住鼠标左键不放，直到选取结束。

⑤选取全部单元格：单击工作表左上角的"全选"按钮，可选中整个工作表。该操作也可以使用快捷键Ctrl+A。

知识储备2：合并居中

合并居中是WPS表格对齐方式中的一种操作，在"开始"选项卡中单击"合并居中"右侧的下拉按钮，可打开合并方式下拉列表，如图4-6所示。使用快捷键Ctrl+M可实现多个连续单元格的合并居中。

知识储备3：插入新行/列

表格创建完成后，若发现需要添加新的数据，可右键单击，弹出快捷菜单，单击"插入"，选择要执行的操作，如："在上方插入行"，填写要插入的行数，单击右侧的√即可，如图4-7所示。

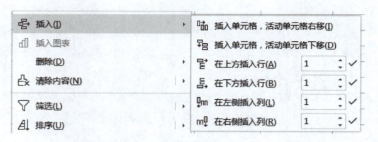

图 4-7 插入选项

步骤 1：单击 "Sheet1" 中第一行任意单元格，在其位置上右击，弹出快捷菜单，选择 "在上方插入行"，数量填 1 后，单击 "确定" 按钮。

步骤 2：选中 A1:G1 单元格区域，单击 "开始" 选项卡中的 "合并居中"，或使用快捷键 Ctrl + M，均可设置单元格区域的合并居中格式。

步骤 3：在合并后的单元格内输入 "青岛滨海大学艺术与设计学院返校信息登记表" 后按 Enter 键确定。

任务 2　编辑健康信息登记表基本格式

任务要求 1：将标题文字格式设置为 "仿宋、14 磅、加粗"；字段名行的文字格式设置为 "宋体、12 磅、白色，底纹为黑色（浅色 50%）"；记录行文字格式设置为 "宋体、10 磅"。

步骤 1：在工作表中单击 A1 单元格使其成为活动单元格，右击，在弹出的快捷菜单中选择 "设置单元格格式" 命令，打开 "单元格格式" 对话框。在 "字体" 选项卡中设置字体为仿宋，字号为 14，字形为加粗，单击 "确定" 按钮。

步骤 2：选中 A2:G2 单元格区域，在 "开始" 选项卡中的 "字体设置" 区域，使用工具按钮设置字体为宋体，字号为 12，颜色为白色，填充颜色为黑色（浅色 50%）。

步骤 3：选中 A3:G15 单元格区域，按步骤 2 中的操作为区域内的数据设置字体、字号。

任务要求 2：将工作表标题行设置为行高 25 磅；第 2~15 行的所有数据水平、垂直居中，并设置行高为 17.25 磅，列宽为最合适的列宽。

步骤 1：在工作表中第 1 行行号位置右击，在弹出的快捷菜单中选择 "行高" 命令，在打开的 "行高" 对话框中填入 25，单位默认为磅。

步骤 2：选中第 2~15 行，在行号位置执行步骤 1 中的操作，设置行高为 17.25 磅。

步骤 3：保持第 2~15 行的选中状态，分别单击 "开始" 选项卡中的 "单元格格式：对齐方式" 中的 "垂直居中" 和 "水平居中" 按钮。

步骤 4：选中第 A~G 列，在列标的位置右击，在弹出的快捷菜单中选择 "最合适的列宽"。

任务要求 3：将工作表中单元格区域 A1:G15 的外边框设置为粗实线，内边框设置为实线。

步骤 1：在工作表中选中 A1:G15 单元格区域，使用快捷键 Ctrl + 1 打开"单元格格式"对话框，单击"边框"选项卡。

步骤 2：在线条样式中选择"粗实线"，单击"预置"中的"外边框"按钮；修改线条样式为"实线"，单击"预置"中的"内部"按钮。单击"确定"按钮。

任务要求 4：将工作表中含有"发热"信息的数据突出显示为"浅红填充色深红色文本"。

知识储备：条件格式

WPS 表格可以依据规则为符合条件的单元格设置特殊的显示格式，如图 4 – 8 所示。

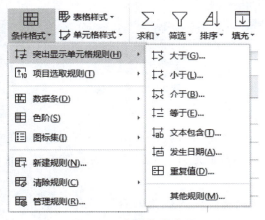

图 4 – 8　条件格式选项

1. 打开方式

选中要操作的单元格区域，在"开始"选项卡中找到"条件格式"，单击右侧的下拉按钮，打开下拉列表。

2. 设置规则

WPS 表格的条件表达式提供了一些预设的规则，如用于数字范围的大于、小于、介于、等于，用于文本的文本包含等。若需要制定更复杂的规则，可打开"新建格式规则"对话框，如图 4 – 9 所示。

步骤 1：选择 E3:E15 单元格区域，单击"条件格式"→"突出显示单元格规则"→"文本包含"。

步骤 2：在"文本包含"对话框内输入"发热"后单击"确定"按钮。

任务要求 5：将 Sheet1 重命名为"返校信息登记表"，新建工作表，并重命名为"学生基本信息"。

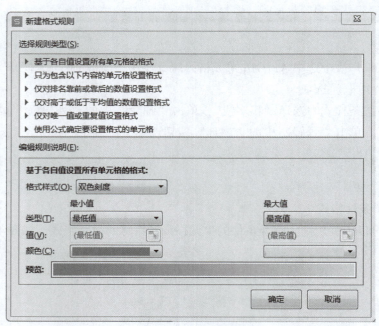

图 4-9 格式规则

知识储备：工作表的操作

在一个工作簿中，一张工作表往往是不够用的，这时就需要添加新的工作表。对于不需要的工作表，也可将其删除。除此之外，对工作表的操作还有重命名、移动或复制、保护、隐藏等，如图 4-10 所示。

①工作表的新建：在"Sheet1"工作表的右侧单击"+"号即可完成新建。

②工作表的删除：在需要删除的工作表标签位置右击，弹出快捷菜单，选择"删除工作表"命令即可删除工作表。

③"创建副本"和"复制"的区别：两种操作均可实现工作表的复制，不同的是，"创建副本"只能在当前工作簿内完成复制，但"复制"可以将当前工作表复制至任意已打开的工作簿内。按 Ctrl 键的同时在工作表标签位置按住鼠标左键拖动，也可以实现复制工作表。

④工作表重命名：默认情况下，工作表的名称以"Sheet1""Sheet2"…命名，双击工作表标签，此时原名称的文本内容处于被选中状态，可以对当前工作表进行重命名。或者右击，打开快捷菜单后，选择"重命名"命令。

提示：对工作表的命名是非常重要的，基本原则是"知名达义"，即看到名字就能知道该工作表内数据的大致内容，这样做的好处是可以在众多工作表中快速找到自己需要的。

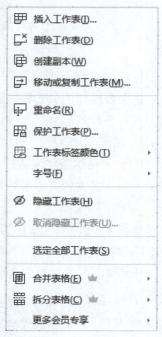

图 4-10 工作表基本操作

步骤 1：在工作表"Sheet1"标签位置双击，将其名称修改为"返校信息登记表"。

步骤 2：在工作表标签处单击"+"号新建工作表，并将其名称修改为"返校信息登记表"。

任务3 工作表内数据的调整

任务要求 1：复制"返校信息登记表"中的信息，粘贴至"学生基本信息"工作表，删除后四列的内容，在 A～C 列添加新列"序号、系别、当前定位"，将当前工作表的标题修改为"学生基本信息表"。

知识储备 1：选择性粘贴

当需要粘贴数据时，通常使用直接粘贴的方式，快捷键为 Ctrl + V。但在 WPS 表格中，数据不仅包括数值，还有格式、公式、批注等，选择性粘贴可以帮助把剪贴板中的内容按所需粘贴到工作表中，快捷键为 Ctrl + Alt + V，如图 4-11 所示。

提示：除了基本的"粘贴"功能外，选择性粘贴还可以做基本的运算操作。"运算"功能可以通过"加""减""乘""除"四个选项按钮在粘贴的同时完成一次科学运算。

知识储备 2：清除格式

粘贴后的内容仍保留原数据的所有结果，包括数值、格式、批注等。使用 Delete 键或 Backspace 键可删除单元格中的内容，若要将单元格中的所有结果一并删除，或需清除格式，可单击"开始"选项卡"单元格"的下拉按钮，在打开的下拉列表中找到"清除"命令，按需选择命令进行操作，如图 4-12 所示。

图 4-11 选择性粘贴   图 4-12 清除单元格选项

步骤 1：在"返校信息登记表"中选择 A1:G15 单元格区域，使用快捷键 Ctrl + C 复制该区域。

步骤 2：切换至"学生基本信息"工作表，单击 A1 单元格使其成为活动单元格，使用快捷键 Ctrl + V 粘贴所有数据。

步骤 3：清除单元格区域内所有数据的格式。

步骤 4：选择 D～G 列，鼠标右击，打开快捷菜单，执行"删除"命令。

步骤 5：在 A 列的列标位置右击，打开快捷菜单，在"在左侧插入列"位置处填写数字 3 后单击右侧对钩，为工作表添加 3 列新列。

步骤 6：在 A2 单元格中输入"序号"，在 B2 单元格中输入"系别"，在 C2 单元格中输入"当前位置"。

步骤 7：选择 A1:F1 单元格区域，单击选项卡中的"合并居中"，输入"学生基本信息表"，按 Enter 键确定。

任务要求 2：为新列添加数据行，数据内容任意。

知识储备 1：填充柄

在使用 WPS 文字处理中的表格时，若遇到连续的数据，只能逐一输入，不过 WPS 表格提供了填充序列功能，可以快速输入数据。填充柄工具在活动单元格的右下角，当鼠标变为黑色十字形时，按住鼠标左键进行拖曳即可完成数据的填充。

①数字填充：当单元格内的数据为数字时，默认情况下可按等差序列（公差为1）填充序列。若按住 Ctrl 键，则会填充为完全相同的序列。

提示：在 A1 单元格中输入 1，在 A2 单元格中输入 3，选中 A1:A2 单元格区域，使用填充柄工具则会填充公差为 2 的等差序列。若此时在 A3 单元格中填入 9，选中 A1:A3 单元格区域，使用填充柄工具则会填充公比为 3 的等比序列。由此可以看出，填充柄工具会自动分析已有值的填充规律后得出正确的序列，但填充规律只能是等差或等比序列，其他复杂公式得出的结果不能使用填充柄进行填充。

②文本填充：当单元格内的数据为文本时，填充柄工具的作用为复制。

③日期填充：类似于数字填充，填充柄会分析已有数据间的关联后，填充正确的序列。日期的计算规律符合操作系统内的日期定义规律。

④公式填充：填充柄可以完成公式的复制，具体操作详见任务 4.2。

知识储备 2：填充自定义序列

除了上述填充方式外，WPS 表格还提供了自定义序列填充。单击"文件"菜单下的"选项"命令，打开"选项"对话框，在左侧的命令列表中选择"自定义序列"，如图 4 – 13 所示。输入要形成序列的文本内容，中间以逗号分隔，如：小学，中学，高中，大学，硕士生，博士生。输入后，单击"添加"按钮。序列也可以从单元格直接导入。

步骤 1：在 A3 单元格中输入数字 1，选中 A3 单元格，在其右下角位置使用填充柄工具填充数字序列至 A15 单元格。

步骤 2：自定义序列：艺术设计学院，传媒学院，音乐学院，美术学院，在 B3 单元格中输入"艺术设计学院"，使用填充柄填充自定义序列至 B15 单元格。

步骤 3：将 A～F 列调整为最合适的列宽。

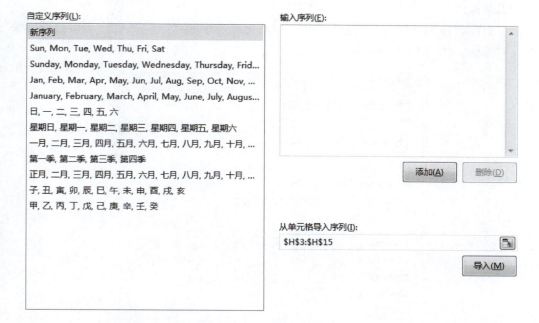

图 4–13 自定义序列

任务要求3：为方便阅览，为"返校信息登记表"冻结 A、B 列内容。

有时工作表中的内容非常多，要在一屏中看到整个工作表的内容不是很方便，此时可以使用冻结窗格或拆分窗口来简化操作。

知识储备1：冻结窗格

冻结窗格主要有三种形式：冻结首行、冻结首列以及冻结至。冻结首行是指当滚动工作表的垂直滚动条时，首行保持不动；冻结首列是指滚动工作表的水平滚动条时，首列保持不动。冻结至后面具体的操作由活动单元格的位置决定，如活动单元格为 D5 时，命令项转变为冻结至第 4 行第 C 列、冻结至第 4 行、冻结至第 C 列。

知识储备2：拆分窗口

拆分窗口是指可以将工作表拆分成多个窗格来显示，拆分位置由活动单元格的位置决定。如活动单元格为 D5，则当前窗口以 D5 单元格为分界点，划分为上、下、左、右四个显示窗口。

步骤1：打开"返校信息登记表"工作表，选中 A、B 列。

步骤2：单击"开始"选项卡，单击"冻结窗格"，在展开的下拉列表中选择"冻结至第 B 列"。

任务 4　工作表的输出与保护

模块 4
项目 1 任务 4

任务要求1：打印"返校信息登记表"前 10 行数据。

知识储备：

在"页面布局"选项卡中单击左侧第一个功能区域中的"↘"按钮，可以打开"页面设置"对话框，如图 4 – 14 所示。

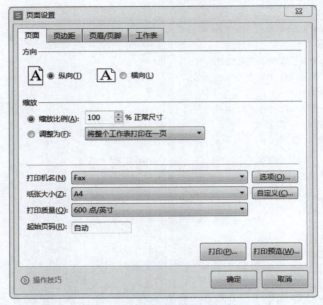

图 4 – 14 "页面设置"对话框

①在"页面"选项卡中，可以调整打印内容的缩放比例，这在实际工作中经常会用到。

②在"页边距"选项卡中可以调整上、下、左、右四个方向的边距大小，单位为厘米。同时，页眉、页脚所占的大小也可以设定。

③"页眉/页脚"的设置与 WPS 文字中的操作类似。

④在"工作表"选项卡中可以设置打印区域，还可以定义"顶端标题行""左端标题行"。若需要打印多页内容，可调整打印顺序。

上述对话框中的操作也可以在"页面布局"选项卡中使用默认值。

步骤 1：选中"健康信息登记表"的第 1 ~ 10 行数据。

步骤 2：单击"文件"→"打印"→"打印"，打开"打印"对话框。

步骤 3：在对话框中将"打印内容"设置为"选定区域"，单击"确定"按钮。

任务要求 2：为保障信息安全，设置当前工作簿的保护密码为 123456。

知识储备 1：保护工作簿

数据的安全性对任何一家企业或个人来讲都是至关重要的，可以通过保护工作簿或工作表来实现。

在执行工作簿的保存或另存为操作时，可以通过创建密码来设置打开权限和编辑权限。单击"加密"按钮可以打开"密码加密"对话框，输入密码后，工作簿便有了打开或编辑的权限。当再次打开或修改这个工作簿时，需要填写之前创建的密码，若填写不正确，则无法打开或修改工作簿，如图 4 – 15 和图 4 – 16 所示。

图 4-15 文件另存

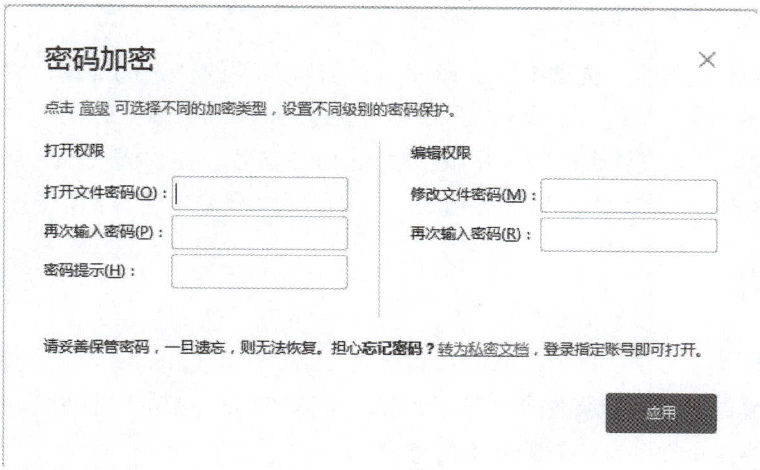

图 4-16 密码加密

知识储备 2：保护工作表

选择要保护的工作表，单击"审阅"选项卡中的"保护工作表"命令，在弹出的"保护工作表"对话框中选择相应的操作，也可以像保护工作簿那样设置密码，如图 4-17 所示。

知识储备 3：保护单元格

在包含公式的工作表中，为了使公式不被其他人修改，可以对这些单元格进行隐藏。选择要保护的单元格区域，右击，在快捷菜单中选择"设置单元格格式"命令，在打开的"单元格格式"对话框中选择"保护"选项卡，如图 4-18 所示。在已经完成保护工作表的前提下，可对单元格执行"锁定"或"隐藏"操作。

图 4-17 保护工作表

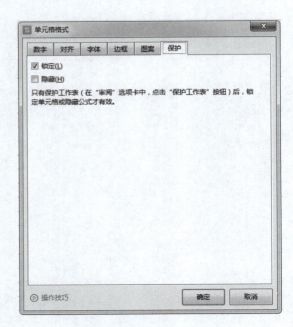
图 4-18 保护单元格

步骤1：打开"文件"选项卡，选择"文档加密"下的"密码加密"命令，打开"密码加密"对话框。

步骤2：在"打开文件密码"文本框中输入"123456"，在"再次输入密码"文本框中同样输入"123456"，单击"应用"按钮。

实训拓展

一、实训要求

（1）在配套的电子资源文件夹"项目1要求与素材.et"中的"素材"工作表之后插入一张新的工作表，并命名为"教师基本信息表"。

（2）将"素材"工作表中的数据粘贴到"教师基本信息表"内，以A1单元格为起点。以下操作在"教师基本信息表"中完成：

（3）删除字段名为"教龄""班主任年限""任教年级""健康情况"的列。

（4）在"姓名"列前插入新列，在A1单元格中输入"编号"，在A2单元格中输入1，使用填充柄在A2：A6单元格区域输入序列，填充为2、3、…。

（5）在"姓名"列后插入新列，在C1单元格中输入"教工编号"，将5名教师的"教工编号"分别设置为"02001""02003""05004""07009""0700A"。

（6）在第1行前插入新行，将A1：M1单元格区域设置为"合并居中"，输入标题"仁爱学院教师基本信息表"。

（7）将字段名行设置为"宋体12号，加粗，白色"，黑色（浅色25%）背景；记录行设置为"宋体10号"。所有内容水平、垂直居中。

(8) 将第 1 行的行高设置为 25 磅，第 2 ~ 7 行行高设置为 17.25 磅。各列的列宽设置为“最合适的列宽”。

(9) 将数据区域的外边框线设置为粗实线、蓝色；内边框线为虚线、矢车菊蓝（浅色 60% ）。

(10) 将工作表中所有的“大专”替换为“专科”。

(11) 将工作表中所有的日期格式调整为 **** 年 ** 月。

(12) 设置工作表的保护密码为 jsj123。

二、实训效果图（图 4 – 19）

A	B	C	D	E	F	G	H	I	J	K	L	M
仁爱学院教师基本信息表												
序号	姓名	教工编号	性别	民族	政治面貌	籍贯	出生年月	参加工作时间	专业	学历	职称	职务
1	张烨	02001	男	汉	党员	山东	1975年6月	2005年7月	大数据与会计	本科	助教	教师
2	李东旭	02003	男	汉	群众	天津	1975年6月	2005年7月	软件工程	硕士	副教授	系主任
3	齐菁菁	05004	女	汉	党员	天津	1975年6月	2005年7月	艺术传媒	硕士	讲师	教师
4	梅正军	07009	男	汉	党员	山西	1975年6月	2005年7月	软件工程	专科	讲师	教师
5	黑林	0700A	男	回	群众	四川	1975年6月	2005年7月	建筑监理	本科	助教	教师

图 4 – 19　教师基本信息表

项目 2

2022学年度学生干部考核表

🎯 项目情境

滨小职接受了一项新的任务，即记录 2022 年度学生干部评优工作并将评分结果交给学生处李老师。

🎯 项目分析

（1）对 WPS 表格的应用从编辑录入过渡到公式函数的应用。

公式是为了满足各种数据处理的要求而定义的计算规则，引用的操作数按规则进行计算可得到结果。函数是 WPS 表格内部预先定义的公式。使用公式、函数可完成复杂的计算过程。

（2）WPS 表格常用的函数有哪些？

WPS 表格中，按应用场景，可将函数分为若干类，包括财务、日期与时间、数学与三角函数、统计等。常用函数如 SUM、AVERAGE、COUNT、MAX、MIN 等，可被用在很多场景。

（3）WPS 表格中包含的函数是非常丰富的，而在本项目的练习过程中，会发现有些函数并没有介绍过，这需要建立良好的自主学习习惯，培养好的自主学习精神。

大学不同于高中，大学生一定要具备自学的能力、获取知识和技能解决实际问题的能力、独立思考的能力。学习能力也是现如今职场人必备的职场素养。

🎯 项目目标

（1）理解相对引用和绝对引用。
（2）掌握公式的使用。
（3）掌握函数的使用。

🎯 项目实施

模块 4
项目 2 任务 1

> **任务 1** 基本公式、函数的使用

任务要求 1：计算每个学生的基础分合计（函数），基础分合计是 D 列至 I 列的总和。

知识储备 1：相对引用

在利用公式或函数计算的过程中，会引用单元格地址作为操作数而不是数值本身，这样做的目的是在粘贴公式或函数时，可以让计算结果根据地址的不同而变化。地址的引用分为相对引用、绝对引用和混合引用。

通常情况下，存放结果的单元格与存放操作数的单元格之间的位置关系是固定的，因此，在使用填充柄填充公式或函数时，结果会根据操作数单元格地址的变化而变化，这种地址引用方式称为相对引用。

在图 4－20 中可以观察到 J3 单元格的公式为 D3＋E3＋F3－G3－I3，当使用填充柄将公式填充至 J4 单元格时，其公式将自动变为 D4＋E4＋F4－G4－I4，计算结果也会根据第 4 行相对应的值而变化。

fx =D3+E3+F3-G3-I3

D	E	F	G	H	I	J
××公司2022年3月员工工资表						
基础工资	奖金	补贴	扣除病事假	应付工资合计	扣除社保	应纳税所得额
40600	500	260	230	41130	460	40670
3500	0	260	352	3408	309	
12450	500	260	0	13210	289	
6050	0	260	130	6180	360	
6150	0	260	0	6410	289	
6350	500	260	0	7110	289	

图 4－20 相对引用

知识储备 2：绝对引用

绝对引用是指存放操作数的单元格和存放结果的单元格之间的位置关系是绝对的，即对某一操作数的引用固定在某一单元格内，这种引用方式即为绝对引用。绝对引用的单元格地址在行号和列标前要分别加“$”符号。

在图 4－21 中可以观察到 K3 单元格的公式为 J3＊M4，当使用填充柄将公式填充至 K4 单元格时，其公式将自动变为 J4＊M4，被“$”符号包裹的单元格地址 M4 并没有随着填充柄的填充而变化，这就是绝对引用的作用。

=J3*M4

D	E	F	G	H	I	J	K	L	M
××公司2022年3月员工工资表									
工资	奖金	补贴	扣除病事假	应付工资合计	扣除社保	应纳税所得额	应交税		
600	500	260	230	41130	460	40670	1220.1		税率
500	0	260	352	3408	309	3099			3%
450	500	260	0	13210	289	12921			
050	0	260	130	6180	360	5820			

图 4－21 绝对引用

知识储备 3：混合引用

混合引用是指在地址引用时，既有相对引用，也有绝对想用，相对引用的行（列）保持相对引用的特性，绝对引用的行（列）保持绝对引用的特性。

在图 4－21 所示的例子中，税率所在的单元格地址可以使用混合引用的方式，写为 M$4，因为填充柄在进行公式填充时，位移发生在行而列没有变化，故没有变化的列标 M 前面的

"$"符号可以被省略,这也是混合引用的使用原则。

步骤1:打开"2022学年度学生干部考核表"工作表,单击L3单元格,在编辑栏左侧单击"插入函数"按钮 *fx*,如图4-22所示,打开"插入函数"对话框,如图4-23所示,单击选择求和函数"SUM",单击"确定"按钮。

图4-22 插入函数按钮

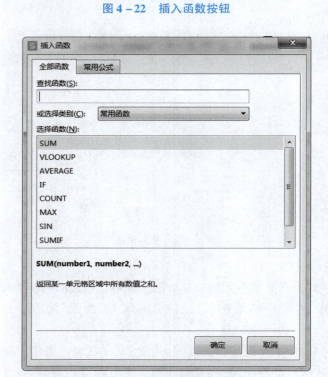

图4-23 "插入函数"对话框

步骤2:在打开的"函数参数"对话框中选择SUM函数所需的参数D3:I3,如图4-24所示,单击"确定"按钮可完成计算。

提示1:在"插入函数"按钮的左侧是"浏览公式结果"按钮,如图4-25所示,单击后,在编辑栏中将不再显示函数或公式,取而代之的是计算结果。

图4-24 浏览公式　　　　图4-25 浏览公式结果

提示2:求和是日常使用WPS表格进行数据计算最常用的操作,除了使用"插入函数"工具进行求和外,还可以自动求和。选择结果单元格,在"开始"选项卡中单击"求和"按钮∑,即可快速得到求和结果。需要注意的是,这种操作方法要求单元格区域必须是连续的。

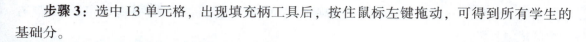

步骤3：选中L3单元格，出现填充柄工具后，按住鼠标左键拖动，可得到所有学生的基础分。

任务要求2：计算每个学生的总分（公式），总分=基础分+加分项−减分项。

步骤1：打开"2022学年度学生干部考核表"工作表，单击M3单元格并输入" = "，此时M3单元格是输入状态，若再单击其他单元格，则其他单元格为"区域选择状态"。

步骤2：根据公式：总分=基础分+加分项−减分项，在M3单元格为输入状态下，单击L3单元格，输入" + "号，单击J3单元格，输入" − "号，单击K3单元格，按Enter键。

步骤3：选中M3单元格，出现填充柄工具后，按住鼠标左键不放进行拖动，可得到所有学生的总分。

任务2　多参数（复杂）函数的使用

模块4
项目2任务2

任务要求1：根据"优秀评定"工作表中定义的等级，将每个学生的总分转换成相应等级（函数），转换标准参考"优秀评定"工作表。

知识储备：

跨工作表地址引用是指当使用函数或公式计算时，所需操作数在不同的工作表中存放，操作过程则要在多张工作表间切换。编辑栏中地址格式为"[工作簿名称]!工作表名!单元格地址"。

步骤1：打开"2022学年度学生干部考核表"工作表，单击O3单元格，在"插入函数"对话框中选择"查找与引用"类别，找到"VLOOKUP"函数，单击"确定"按钮。

步骤2：在图4−26所示的"函数参数"对话框中，查找值的位置单击M3单元格，数据表为"优秀评定!A$1:B$6"，列序数填写2，匹配条件可以空着不填或填写任意大于0的值，单击"确定"按钮。

图4−26　VLOOKUP函数参数

步骤3：选中 O3 单元格，出现填充柄工具后，按住鼠标左键不放并拖动，可得到所有学生的成绩等级。

任务要求2：根据总分情况，对所有学生的成绩进行排名（降序排）。

步骤1：打开"2022 学年度学生干部考核表"工作表，单击 N3 单元格，在"插入函数"对话框中选择"统计"类别，单击"RANK"函数，单击"确定"按钮。

步骤2：在"函数参数"对话框中，查找值的位置单击 M3 单元格，引用填入 M$3：M$18，单击"确定"按钮。

任务要求3：在 O 列评定每个学生是否可以参加评优，评估标准是成绩等级在良好以上（函数）。

知识储备：

在 WPS 表格中允许多函数的嵌套，在一个公式中最多可以包含七级嵌套函数。一个函数（称为函数 B）用作另一个函数（称为函数 A）的参数时，函数 B 相当于二级函数。函数 B 的返回结果类型必须与函数 A 的参数要求一致，否则，会显示#VALUE! 错误值。

在计算过程中一旦发生错误，系统就会提示出错信息。除了#VALUE! 外，还有以下几种错误。

（1）####：若单元格内包含的数字、日期、时间所显示的内容超过列宽，或者引用的日期、时间出现了负值，则会出现##错误。可以通过调整列宽、应用其他数字格式及保证日期、时间的正确性来避免出现该错误。

（2）#N/A：如果函数或公式在引用单元格时，单元格内没有可用数值，则会产生该错误。可以在这些单元格中输入"#N/A"，那么在被引用时，这些单元格将不被计算，直接返回"#N/A"。

（3）#REF!：出现该错误的原因是引用了无效的单元格。出现下列情况时，会发生此错误。

①删除了公式引用的单元格，如 A1 = A2 + A3，若 A2 单元格被删除，则显示此错误。

②若将上例中 A1 单元格的公式移动到 A2 单元格，则 A2 单元格显示此错误。

③引用的数据中复制粘贴了其他公式计算出来的单元格，则会显示此错误。

（4）#DIV/0!：当引用的单元格使用了 0、空单元格作为除数时，则会引发该错误。

（5）#VALUE!：当引用的单元格出现参数或操作符错误时，或公式自动更正功能不能更正公式时，都会产生#VALUE! 错误。

（6）#NUM!：当公式或函数计算过程中引用了无效数字值时，会出现该错误。

步骤1：打开"2022 学年度学生干部考核表"工作表，单击 P3 单元格，在"插入函数"对话框中选择"常用函数"或"逻辑"类别，单击"IF"函数，单击"确定"按钮，出现如图 4-27 所示对话框。

步骤2：单击"测试条件"后的文本框，光标闪烁时单击名称框右侧的下拉按钮，选择"其他函数"命令，打开"插入函数"对话框，在"逻辑"类别下单击 OR 函数，在"逻辑值1"中输入"O3 = "良好"",在"逻辑值2"中输入"O3 = "优秀""。一定要注意的是,良好和优秀出现在公式中时,要在英文输入法的情况下,输入一对双引号。

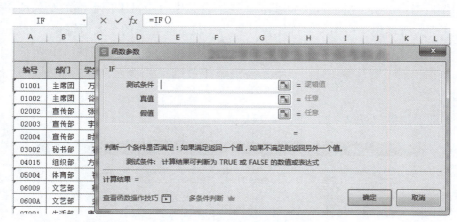

图 4 – 27　函数嵌套步骤

步骤3:在编辑栏中已完成的公式最右侧手动输入 OR 函数的右括号")",以及 IF 函数中操作数中间的分隔符号","。注意,这两个符号的输入都要保证是在英文输入法的状态下完成。此时"函数参数"对话框会自动切回 IF 函数的操作数内容。

步骤4:在"真值"处填入"是","假值"处填入"否",单击"确定"按钮。

> **任务要求4**:在 J19 单元格中计算有多少学生获得加分项;在 J20 单元格中计算有多少学生有减分项。

步骤1:打开"2022学年度学生干部考核表"工作表,单击 J19 单元格,在"插入函数"对话框中选择"统计"类别,找到 COUNTA 函数,单击"确定"按钮。

步骤2:在"函数参数"对话框中,"值1"填入 J3:J18,单击"确定"按钮。

步骤3:使用同样的方法,在 J20 单元格中使用函数 COUNTA(K3:K18)计算有减分的学生个数。

实训拓展

一、实训要求

在配套的电子资源文件夹"项目2要求与素材.et"中的"素材"工作表内完成如下相关公式与函数的计算。

(1)将"素材"工作表的名称改为"员工基本信息"。

(2)利用身份证号信息得出每个人的性别(提示:身份证号第17位如果是偶数,则为女性,否则,为男性;MID 函数用来取指定位数的字符串)。

(3)根据出生日期计算每个员工的年龄(提示:YEAR()函数可以计算日期型数据的年份,TODAY()函数可以获取系统当前日期)。

(4)在"工资表"中,根据每个员工的加班情况,得出每个人的加班工资,加班分类的具体工资在“加班工资”表中。

（5）根据公式实际工资 = 基本工资 + 保险总额 + 加班工资计算每个员工的实际工资总额。

（6）先根据每个员工的实际工资获取“税率表”中每个员工应上缴的个人所得税税率，再使用公式个人所得税 = 税率 × 实际工资计算每个员工应缴纳的个人所得税。

（7）使用公式税后工资 = 实际工资 – 个人所得税计算每个员工的税后工资。

（8）根据税后工资计算 L3：L11 单元格区域相关结果并填充在 M3：M11 单元格区域中（结果保留 1 位）。

二、实训效果图（图 4 – 28、图 4 – 29）

编号	姓名	性别	部门	职务	身份证号	出生日期	年龄	学历	所在省	家庭住址
001	曾伟明	男	销售部	职员	510116199003078477	1990年03月07	33	中专	四川	双流
002	季娜	女	行政部	职员	510105196704148000	1967年04月14	56	大专	四川	成都
003	刘明瀚	男	财务部	职员	110107199507032535	1995年07月03	28	中专	北京	石景山
004	王涛	男	运输队	职员	320106198407011858	1984年07月01	39	中专	江苏	南京市
005	杨天意	女	财务部	副主管	120110197506070522	1975年06月07	48	本科	天津	和平区
006	林筱	男	行政部	职员	130404197308130054	1973年08月13	50	硕士	四川	成都
007	张非	男	财务部	主管	510116198811111136	1988年11月11	35	中专	四川	双流
008	窦舒嘉	女	销售部	职员	210302199210089349	1992年10月08	31	中专	辽宁	鞍山
009	陈天成	男	行政部	副主管	120116198011111399	1980年11月11	43	硕士	天津	滨海新区
010	沈雨飞	男	人力资源部	职员	340202198304074892	1983年04月07	40	本科	安徽	芜湖
011	谷福广	男	运输队	职员	110107198202048814	1982年02月04	41	中专	北京	石景山
012	祁雨晨	男	人力资源部	职员	610102198711308174	1987年11月30	36	本科	陕西	西安
013	谢凯	男	运输队	职员	310109198607190675	1986年07月19	37	中专	上海	虹口
014	孙先娣	女	行政部	职员	440507198406198 10X	1984年06月19	39	中专	广东	汕头
015	范明漪	女	行政部	职员	510105198709202000	1987年09月20	36	大专	四川	成都
016	李宇杰	女	销售部	主管	510703197404103946	1974年04月10	49	中专	四川	绵羊
017	孟青子	女	销售部	副主管	441302198504290100	1985年04月29	38	中专	广东	惠州
018	温雨蒙	女	财务部	职员	14082319920414164X	1992年04月14	31	中专	山西	运城
019	吕美洋	女	人力资源部	主管	321002197805156003	1978年05月15	45	硕士	江苏	扬州
020	陈楠楠	女	财务部	职员	360281198610243147	1986年10月24	37	中专	江西	景德镇
021	宋宇宁	女	行政部	主管	330303198201165820	1982年01月16	41	本科	浙江	温州
022	郭芮杰	女	销售部	职员	321002198305052068	1983年05月05	40	高中	江苏	扬州
023	梅润南	男	运输队	主管	520302198908138534	1989年08月13	34	中专	贵州	遵义
024	石悦	男	行政部	职员	110102198106042816	1981年06月04	42	中专	北京	西城
025	潘海亮	男	财务部	职员	420104199506143579	1995年06月14	28	本科	湖北	湖北武汉市
026	邹强	男	财务部	职员	34010219620108521X	1962年01月08	61	本科	安徽	安徽合肥市沿江路
027	冯君	女	销售部	职员	321023197711305241	1977年11月30	46	中专	江苏	扬州
028	吴淞平	女	行政部	职员	220112198508201945	1985年08月20	38	本科	吉林	长春

图 4 – 28 员工基本信息表

	A	B	C	D	E	F	G	H	I	J
1	部门	员工姓名	职务	基本工资	保险总额	加班情况	加班工资	实际工资	个人所得税	税后工资
2	财务部	刘明瀚	职员	31200	4650	晚班	1800	37650	7530	30120
3	财务部	温雨蒙	职员	41800	5200	中班	1600	48600	12150	36450
4	财务部	陈楠楠	职员	31200	4650	中班	1600	37450	7490	29960
5	财务部	潘海亮	职员	46200	4650	晚班	1800	52650	13162.5	39487.5
6	财务部	邹强	职员	31200	4850	早班	1500	37550	7510	30040
7	财务部	杨天意	副主管	51200	5580	早班	1500	58280	14570	43710
8	财务部	张非	主管	67700	6250	中班	1600	75550	22665	52885
9	行政部	季娜	职员	26200	4650	晚班	1800	32650	6530	26120
10	行政部	林筱	职员	26200	5200	早班	1500	32900	6580	26320
11	行政部	孙先娣	职员	41800	5200	晚班	1800	48800	12200	36600
12	行政部	范明漪	职员	31200	4650	早班	1500	37350	7470	29880
13	行政部	石悦	职员	31200	4650	晚班	1800	37650	7530	30120
14	行政部	吴淞平	职员	46200	5200	早班	1500	52900	13225	39675
15	行政部	陈天成	副主管	46200	5580	中班	1600	53380	13345	40035
16	行政部	宋宇宁	主管	61000	8300	早班	1500	70800	21240	49560
17	人力资源部	沈雨飞	职员	26200	4650	中班	1600	32450	6490	25960
18	人力资源部	祁雨晨	职员	26200	4650	中班	1600	32450	6490	25960
19	人力资源部	吕美洋	主管	67700	8300	早班	1500	77500	23250	54250
20	销售部	曾伟明	职员	26200	4650	中班	1600	32450	6490	25960
21	销售部	窦舒嘉	职员	26200	4650	早班	1500	32350	6470	25880
22	销售部	郭芮杰	职员	31200	4650	早班	1500	37350	7470	29880
23	销售部	冯君	职员	31200	4650	中班	1600	37450	7490	29960
24	销售部	孟青子	副主管	46200	5580	晚班	1800	53580	13395	40185
25	销售部	李宇杰	主管	63700	6250	晚班	1800	71750	21525	50225
26	运输队	王涛	职员	26200	4650	晚班	1800	32650	6530	26120
27	运输队	谷福广	职员	26200	5200	晚班	1800	33200	6640	26560
28	运输队	谢凯	职员	31200	4650	早班	1500	37350	7470	29880
29	运输队	梅润南	主管	63700	6250	中班	1600	71550	21465	50085

L	M
销售部工资总额	202090
行政部工资总额	278310
财务部工资总额	196082.5
运输队工资总额	132645
人力资源部工资总额	106170
最大工资额	54250
最小工资额	25880
平均工资额	35066.7
高于人均工资额的个数	12

图 4 – 29 计算后工资

项目 3

防疫物资采购清单

项目情境

WPS 表格中的数据在完成计算后一般还需要做简单的管理与分析,以便用户更好地理解、使用数据。滨小职再次接受了任务,对"防疫物资采购清单"进行数据分析。

项目分析

(1) WPS 表格提供的常用数据分析工具有哪些?

WPS 表格提供数据透视表、筛选、排序、分类汇总等命令,这些都是数据管理软件基本的数据分析工具。

(2) 分析工作不仅要有合适的工具,同时,严谨求实是分析过程的必要客观要求。

钱学森自学生时代起就以严格的标准要求自己,以严谨的态度对待学业。作为一名科技工作者,钱学森一直坚持学术标准,严守科学规范,提倡学术民主,反对学术专权。他一向严谨、严肃、严格,并将这种优良作风与优秀品质传授给年轻科技工作者,体现了崇高的学术操守和科学品质。

我们要学习钱学森在学术上刻苦钻研、严谨笃学的态度和工作中一丝不苟、坚持不懈、追求创新的职业素养和人生态度。在本项目的学习中,要保持严谨的态度,为后面的学习奠定基础。

项目目标

(1) 会使用自定义排序做数据的复杂排序。
(2) 掌握筛选的使用方法。
(3) 理解分类汇总的含义并会使用。
(4) 掌握数据透视表的分析方法。

项目实施

模块 4
项目 3 任务 1

任务 1 工作表的排序

任务要求 1:复制"防疫物资采购清单"工作表,将得到的新工作表命名为"简单排序",按"单价"升序重新显示表中数据。

知识储备：排序

（1）数据排序是 Excel 数据分析中常用的功能。通过对文本、数字、时间等单元格格式按数值、颜色或条件格式图标等方式进行排序，从而实现数据直观显示和便于查看的目的，如图 4-30 所示。

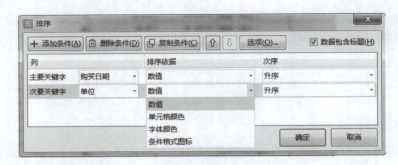

图 4-30 排序

（2）排序规则。

数字：升序从小到大，降序从大到小。

文本和字母：升序从 A 到 Z，降序从 Z 到 A。

日期和时间：升序从早到晚，降序从晚到早。

（3）排序前的准备。排序前，若执行简单排序中的"升序"或"降序"，可将活动单元格定位到要排序的列中任一单元格。若执行复杂排序，则可将活动单元格定位到任意有数据的单元格。需要注意的是，如果选择了某一列完整的单元格区域执行排序操作，则会弹出如图 4-31 所示的排序警告。选择"扩展选定区域"，会让其他列与排序列同步发生位置的改变；选择"以当前选定区域排序"，则只有当前列发生变化，这个选择会导致各行中的数据错位。

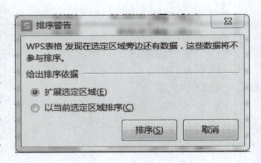

图 4-31 排序警告

步骤 1：在工作表"防疫物资采购清单"标签处右击，打开快捷菜单，执行"创建副本"命令，将新产生的"防疫物资采购清单(2)"工作表重命名为"简单排序"。

步骤 2：打开"简单排序"工作表，单击 G 列任意单元格，单击"数据"选项卡"排序"命令右侧的下拉按钮，在展开的下拉列表中选择"升序"命令。

任务要求 2：复制"防疫物资采购清单"工作表，将得到的新工作表命名为"复杂排序"，以"单位"为第一关键字按照个、瓶、副、套、盒的升序，"单价"为第二关键字的降序重新显示表中数据。

步骤 1：在工作表"防疫物资采购清单"标签处右击，打开快捷菜单，执行"创建副本"命令，将新产生的工作表重命名为"复杂排序"。

步骤 2：打开"复杂排序"工作表，单击任意单元格，单击"数据"选项卡"排序"命令右侧的下拉按钮，在展开的下拉列表中选择"自定义排序"命令。

步骤 3：在打开的"排序"对话框中，在"主要关键字"中的"次序"下拉列表中选择"自定义序列"，打开"自定义序列"对话框，输入"个，瓶，副，套，盒"。注意：序列值之间用逗号或空格隔开，逗号需要在关闭输入法的状态下输入。单击"确定"按钮。

步骤 4：将"主要关键字"定义为"单位"。单击"添加条件"按钮，将"次要关键字"定义为"单价"，并用"降序"作为其排序次序，单击"确定"按钮。

任务 2　工作表的筛选

任务要求 1：复制"防疫物资采购清单"工作表，将得到的新工作表命名为"简单筛选"，将线上购买的商品筛选显示。

一张工作表的数据往往是繁杂且庞大的，而我们每次浏览数据时，只想看到我们需要的内容。这时就需要从中检索出符合某一个或多个条件的数据，实现的方法是使用 WPS 表格中的筛选功能。筛选分为"筛选"和"高级筛选"。

知识储备 1：简单筛选

选择"数据"选项卡，单击"筛选"命令，标题行内的每个标题右侧会出现下拉按钮。单击下拉按钮后，不同数据格式的内容会有不同的筛选条件，包含"日期筛选""文本筛选""数字筛选"。每个筛选条件使用的运算符也有所区别，如"文本筛选"可以使用"等于""不等于""开头是""结尾是""包含""不包含"来定义表达式。"日期筛选"可以使用"等于""之前""之后""介于"来定义表达式，如图 4-32 所示。

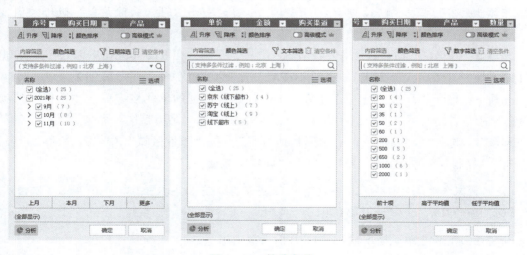

图 4-32　筛选条件

"自定义"筛选最多使用两个表达式来定义筛选条件，两个表达式间的逻辑关系可以是"与"，还可以是"或"，如图 4-33 所示。

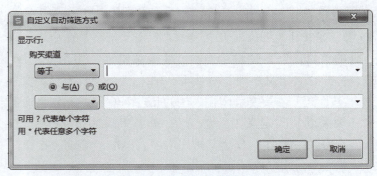

图4-33 自定义自动筛选方式

知识储备2：高级筛选

高级筛选能完成数据区域不同字段间条件"或"的搜索，并且能将筛选结果复制到其他位置。

步骤1：在工作表"防疫物资采购清单"标签处右击，打开快捷菜单，执行"创建副本"命令，将新产生的工作表重命名为"简单筛选"。

步骤2：打开"简单筛选"工作表，单击任意单元格，单击"数据"选项卡"筛选"命令右侧的下拉按钮，在展开的下拉列表中选择"筛选"命令。

步骤3：单击"购买渠道"右侧的下拉按钮，在出现的浮动对话框中单击"文本筛选"，再单击"包含"，在"自定义自动筛选方式"对话框中填入"线上"，单击"确定"按钮。

> **任务要求2**：复制"防疫物资采购清单"工作表，将得到的新工作表命名为"高级筛选"，将购物数量在200以上或"金额"在2 000元以上的数据筛选显示。

步骤1：在工作表"防疫物资采购清单"标签处右击，打开快捷菜单，执行"创建副本"命令，将新产生的工作表重命名为"高级筛选"。

步骤2：在K11、L11单元格中分别输入数量、金额，在K12单元格中输入" >=200"，在L13单元格中输入" >2000"。条件不在同一行表示两个筛选条件是或的关系。

步骤3：打开"高级筛选"工作表，单击任意有数据的单元格，单击"数据"选项卡"筛选"命令右侧的下拉按钮，在展开的下拉列表中选择"高级筛选"命令。

步骤4：选择"将筛选结果复制到其他位置"，在"条件区域"中输入" \$K\$11:\$L\$13"，在"复制到"中输入"A28"，单击"确定"按钮。

> **任务要求3**：在B46单元格内输入"11月份大额支出笔数"，在D46单元格中输入符合筛选条件的记录数（金额>2 000）。

步骤1：在B46单元格中输入"11月份大额支出笔数"。

步骤2：单击D46单元格，在"插入函数"对话框中选择"统计"类别，找到"COUNT"函数，单击"确定"按钮。

步骤3：在"函数参数"对话框中，在值1的位置选择B39：B43单元格区域，单击"确定"按钮。

任务3　分类汇总和数据透视表

> **任务要求1：** 复制"防疫物资采购清单"工作表，将得到的新工作表命名为"分类汇总"，统计每个类别购买总金额。

知识储备：

分类汇总的操作分为分类和汇总两种。先按某一字段进行分类，分类的操作通过排序来实现，这样相同类别的数据可以放到一起，再对其他列的数据进行汇总。汇总常用的方式有求和、求平均、计数等。分类汇总可以使工作表内的数据结构更清晰，是很多复杂数据分析的基础。

模块4
项目3任务3

步骤1： 在工作表"防疫物资采购清单"标签处右击，打开快捷菜单，执行"创建副本"命令，将新产生的工作表重命名为"分类汇总"。

步骤2： 单击C列"类别"列任一单元格，单击"数据"选项卡"排序"右侧的下拉按钮，选择"升序"。

步骤3： 单击"数据"选项卡"分类汇总"命令，"分类字段"为"类别"，汇总方式为"求和"，"选定汇总项"为"金额"，单击"确定"按钮。

步骤4： 完成分类汇总操作后，在窗口左侧可以根据需要定义显示级别，1级显示所有数据的求和汇总项，2级显示按类别分类后的求和汇总项，3级显示所有原数据及汇总项。

提示：分类汇总后，若想还原数据的显示，可在"分类汇总"对话框中单击"全部删除"按钮。

> **任务要求2：** 复制"防疫物资采购清单"工作表，将得到的新工作表命名为"数据透视表"，统计每个月不同购买渠道的平均金额（平均金额保留1位小数）。

知识储备：

数据透视表是一种交互式报表，可以动态地根据用户选择查看分析结果。它可以同时完成排序、筛选以及分类汇总三项操作。数据源由工作表中的数据来定义，也可以是外部数据源，这样做的好处是当数据量较大而WPS表格本身不方便处理时，可以由更高级的数据库管理软件来管理数据，再由数据库软件作为数据源完成数据分析操作。

步骤1： 在"防疫物资采购清单"工作表的数据区域单击任一单元格，单击"数据"选项卡中的"数据透视表"按钮。

步骤2： 在"创建数据透视表"对话框中，在"请选择单元格区域"位置将自动填充工作表中的数据区域，在"请选择旋转数据透视表位置"单击"新工作表"，单击"确定"按钮。

步骤3： 将新产生的工作表重命名为"数据透视分析表"。

步骤4： 在右侧的任务窗格（图4-34）中单击"数据透视表"按钮，弹出"数据透视表"浮动对话框，如图4-35所示。在"字段列表"中将"购买日期"拖放至"数据透视表区域"中"行"的位置，将"购买渠道"拖放至"列"，将"金额"拖放至"值"。

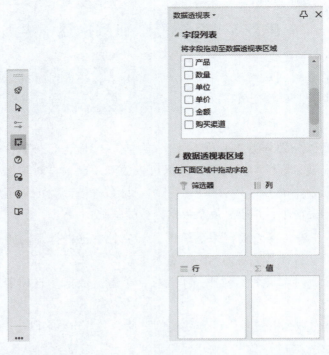

图 4-34 任务窗格　　　　　图 4-35 "数据透视表"窗格

步骤 5：单击"值"中"求和：金额"右侧的下拉列表，选择"值字段设置"，打开"值字段设置"对话框，如图 4-36 所示。将"值字段汇总方式"更改为"平均值"。

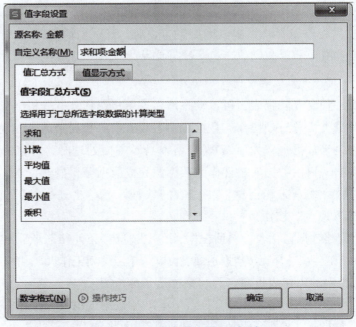

图 4-36 "值字段设置"对话框

步骤 6：单击“数字格式”按钮，打开“单元格格式”对话框，将“数值”的小数位数改为 1，单击“确定”按钮。返回“值字段设置”对话框，单击“确定”按钮，结果如图 4－37 所示。

平均值项:金额	购买渠道				
购买日期	京东（线下超市）	苏宁（线上）	淘宝（线上）	线下超市	总计
2021/9/2			1650		1650
2021/9/6			1489.6		1489.6
2021/10/11	16700	1500			13660
2021/10/14		2275			2275
2021/10/15		6465			6465
2021/11/2			30600	1080	20760
2021/11/23				1075	1075
2021/11/26				87.5	87.5
2021/11/27		92.5		900	496.25
2021/11/28		10280			10280
总计	16700	5336.785714	7994.222222	843.5	7212.92

图 4－37　步骤 6 结果

步骤 7：在结果区域中单击购买日期中的任一单元格，单击“数据”选项卡中的“创建组”按钮，打开“组合”对话框，如图 4－38 所示。步长选择为“月”。结果区域会自动更新为按月按购买渠道统计金额的平均值，结果如图 4－39 所示。

图 4－38　设置组合

平均值项:金额	购买渠道				
购买日期	京东（线下超市）	苏宁（线上）	淘宝（线上）	线下超市	总计
9月			1535.4		1535.4
10月	16700.0	4176.3			10438.1
11月		6884.2	30600.0	843.5	8607.0
总计	16700.0	5336.8	7994.2	843.5	7212.9

图 4－39　最终结果

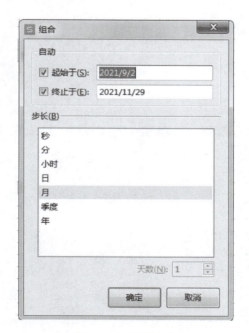

一、实训要求

在配套的电子资源文件夹"项目3要求与素材.et"中的"素材"工作表内完成如下数据分析。

（1）在当前工作表中对数据进行重新排序，第一关键字按部门升序，第二关键字按职务职员、副主管、主管升序排序。

（2）复制"素材"工作表，并重新命名为"非普通员工工资情况筛选"。

（3）在"非普通员工工资情况筛选"工作表中筛选出加晚班的非普通员工工资情况。

（4）复制"素材"工作表，并重新命名为"骨干评选条件"。评选条件：职务为非管理人员，年龄在35~45岁之间，本科学历或45岁以上，硕士学历。

（5）在F51单元格中输入"符合条件人数"，在G51单元格中计算相应结果。

（6）复制"素材"并命名为"数据透视表"，依据税后工资查看每个部门不同职务的平均工资。

二、实训效果图（图4-40、图4-41）

职务	年龄	年龄	学历
<>*管*	>=35	<45	本科
<>*管*	>45		硕士

编号	姓名	性别	部门	职务	出生日期	年龄	学历	所在省	家庭住址	加班情况	实际工资	个人所得税	税后工资
010	沈雨飞	男	人力资源部	职员	1983年04月07	40	本科	安徽	芜湖	晚班	48800	12200	36600
012	祁雨晨	男	人力资源部	职员	1987年11月30	36	本科	陕西	西安	早班	37650	7530	30120
015	范明撷	女	行政部	职员	1987年09月20	36	大专	四川	成都	早班	70800	21240	49560
025	潘海亮	男	财务部	职员	1995年06月14	28	本科	湖北	湖北武汉市	晚班	32650	6530	26120
028	吴淞平	女	行政部	职员	1985年08月20	38	本科	吉林	长春	中班	71550	21465	50085

图4-40 "骨干评选"最终结果

平均值项:税后工资	列标签			
行标签	职员	副主管	主管	总计
财务部	32554	30040	52885	35099.28571
人力资源部	33360		25960	30893.33333
销售部	29020	25960	25960	28000
行政部	45010.83333	26320	29880	40783.125
运输队	36347.5		40185	37306.875
总计	36233.875	27440	34974	35066.69643

图4-41 数据透视表最终结果

项目 4
学生干部考核表的图表分析

项目情境

在 WPS 演示文稿中，通常会使用图表来表达数据，这样的数据比数字更直观、清晰，也更易于理解，从而使分析的结果更具有说服力。滨小职接受了该任务，为已完成的工作表绘制图表。

项目分析

（1）常用的图表类型。

常用的图表类型包括柱形图、折线图、饼图等。不同的图表类型有不同的数据表达，即便是相同的数据，使用不同的图表类型也可以呈现不同的数据含义。如柱形图可以进行数据间大小、多少的比较，折线图可以进行数据趋势的展示等。

（2）一张图表的关键内容。

图表要明确表达作者要阐述的目的，显示数据间的关联，内容够用即可，不要冗余，格式要简洁，这样可以使阅读者更直观地了解数据本身的含义。

（3）合格的图表包含的内容。

①图表标题：表示图表的主题信息。

②绘图区：按所选图表类型呈现数据。

③图例：对图表中的系列进行说明。

（4）图表的设计步骤。

①选择数据区域。

②分析数据，明确要表达的含义，确定图表类型。

③创建图表。

④编辑、美化图表。

（5）一项复杂的工作，往往需要小组成员协同完成，因此，团队合作在日常学习、工作中都是一名合格的学习者或职场人必备的能力。

在 2022 年 2 月 6 日晚举行的女子足球亚洲杯决赛上，中国女足在伤停补时阶段，反超韩国队，时隔 16 年之后再次获得亚洲杯冠军。重回亚洲之巅的铿锵玫瑰，此刻再度光荣绽放！瞬间刷屏的满目喜庆，也为这个冬奥之夜增添了更多光彩。这不是属于一个人的胜利，而是整个团队工作专业性的合力，前锋、中场、后位、守门多方做好战术配合。和她们坚韧的精神相比，这支队伍的团结同样让人印象深刻。在这支球队里，没有谁是例外，所有人互相支撑，凝聚成一个真正的团队。

我们要从"女足精神"中汲取无畏风雪、勇毅前行、永不认输、团结协作的力量，要有把困难踩在脚下、把责任扛在肩上的勇气。在一个优秀的团队中，每个人都很重要，不管是首发队员还是替补，上场了，你就是最重要的那个！

项目目标

（1）了解图表的作用。
（2）可以根据已知数据选择合适的图表类型。
（3）掌握简单图表的创建。
（4）掌握组合图表的创建。
（5）可以对图表进行格式的设置。

项目实施

模块4
项目4 任务1

任务1　柱形图的创建和编辑

任务要求1：复制"2022学年度学生干部考核表"工作表，修改工作表名称为"柱形图"，使用分类汇总统计每个部门学生加分项、减分项、基础分、总分的平均值，并将汇总结果放到"柱形图"工作表中。

知识储备1：图表类型

WPS 表格提供了 8 种基本的图表类型，包括柱形图、折线图、饼图、条形图、面积图、XY（散点图）、股价图、雷达图。除此之外，还可以将两种基本图表类型组合在一起，创建组合图表，最常见的是折线图和面积图的组合。

WPS 会员可查看或使用更多的图表模板，模板里的图表有设置好的颜色及动态效果等。

知识储备2：图表的位置

通常情况下，插入的图表将与原数据在同一工作表中。若想将图表放置在独立的工作表中，可以在图表的任意位置右击，打开快捷菜单，选择"移动图表"命令，打开"移动图表"对话框，如图 4-42 所示，在"选择放置图表的位置"中选择"新工作表"并命名。

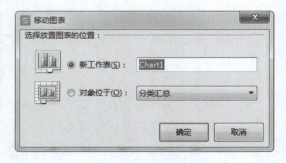

图 4-42　图表的位置

知识储备 3：图表的编辑

在图表的任意位置单击均会在图表的右侧出现一个浮动工具列表，如图 4-43 所示，分别是图表元素、图表样式、图表筛选器、设置图表区域格式、在线图表。不同的工具按钮可以分别对图表元素、样式、颜色、系列、布局等进行设置，如图 4-44 所示。

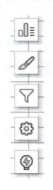

图 4-43　浮动工具列表

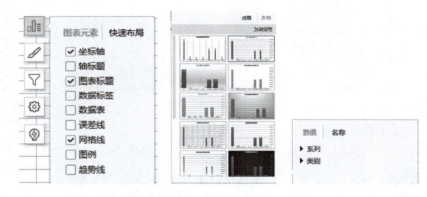

图 4-44　工具列表下一级选项

步骤 1：右击"2022 学年度学生干部考核表"工作表，在快捷菜单中选择"移动或复制工作表"，勾选"建立副本"复选项，单击"确定"按钮，将新工作表命名为"柱形图"。

以下步骤在"柱形图"工作表中完成：

步骤 2：删除标题行，即第一行，删除第 N～P 列。

步骤 3：单击数据区域任一单元格，单击"数据"选项卡中的"分类汇总"，在打开的"分类汇总"对话框中，"分类字段"选择"部门"，"汇总方式"选择"平均值"，"选定汇总项"分别勾选"加分项""减分项""基础分""总分"复选项，单击"确定"按钮。

步骤 4：单击左侧显示级别中的数字 2，将显示级别定义为 2 级。

步骤 5：按住 Ctrl 键，按图 4-45 所示分别选中 B 列、J 列、K 列、L 列、M 列中的数据区。

现代信息技术基础（信创版）

	A	B	C	D	E	F	G	H	I	J	K	L	M	N
1	编号	部门	学生姓名	文明礼貌	公益活动	社会实践	积极参加活动	工作认真	团队合作	加分项	减分项	基础分	总分	排名
4		宣传部 平均值								38.5	0.5	59	97	
8		宣传部 平均值								34.33333333	1.333333333	57.33333333	90.33333333	
10		秘书部 平均值								32	0	55	87	
12		组织部 平均值								29	5	52	76	
14		体育部 平均值								36	2	54	88	
17		文艺部 平均值								31.5	1	54	84.5	
20		生活部 平均值								33	1.5	51	82.5	
23		学习部 平均值								27.5	1	47	73.5	
26		外联部 平均值								29.5	2.5	57.5	84.5	
27		总平均值								32.5	1.5	54.375	85.375	

图 4-45　步骤 5 参考

步骤 6：在"开始"选项卡中单击"查找"右侧的下拉列表按钮，单击"定位"命令，打开"定位"对话框，选择"可见单元格"，单击"定位"按钮，如图 4-46 所示。使用快捷键 Ctrl + C 复制当前区域。

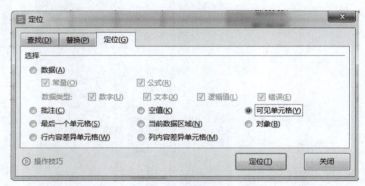

图 4-46　定位

步骤 7：新建工作表，重命名为"柱形图"。

步骤 8：单击"柱形图"工作表中的 A1 单元格，使用快捷键 Ctrl + V 粘贴复制的内容。

任务要求 2：利用"柱形图"工作表中的数据创建合适的图表来比较各部门的分数情况。

步骤 1：在数据区域单击任意单元格，在"开始"选项卡中单击"查找"命令右侧的下拉列表按钮，选择"替换"选项，打开"替换"对话框，在"查找内容"中输入"平均值"，如图 4-47 所示，单击"全部替换"按钮，一次性清除数据区中的"平均值"三个字。效果如图 4-48 所示。

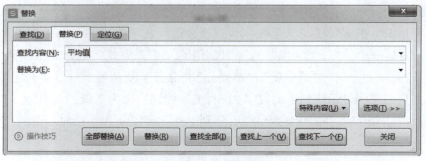

图 4-47　替换

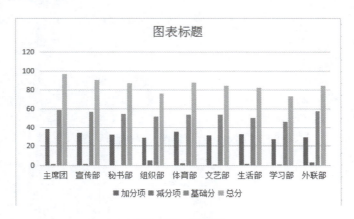

图4-48 步骤1结果

步骤2：在"柱形图"工作表中单击任意有数据的单元格区域，单击"插入"选项卡"图表"组中"二维柱形图"右侧的下拉列表按钮，选择"簇状柱形图"，完成基本图表的创建，如图4-49所示。

图4-49 柱形图

任务要求3：根据效果图对任务要求2中的图表进行美化编辑。

步骤1：单击图表中的标题，将文本改为"部门分数情况"。

步骤2：保持标题的选中状态，单击浮动工具栏中的"设置图表区域格式"，打开"属性"窗格。窗格中的"标题选项"选项卡和"文本选项"选项卡可分别对图表标题和标题中的文本进行格式设置，如图4-50所示。单击"文本选项"选项卡，将"文本填充"的颜色改为"巧克力黄，着色2"。单击"属性"对话框右上角的"关闭"按钮，关闭当前对话框。

步骤3：保持图表标题为选中状态，单击"开始"选项卡中字体设置区的字号，将标题字号设置为20号，并加粗。

步骤4：单击图表区任意位置，在浮动工具栏中单击"图表元素"，勾选"轴标题"下的"主要纵坐标轴"复选项，将坐标轴标题改为"分数平均值"。

步骤5：保持坐标轴标题为选中状态，单击浮动工具栏中的"设置图表区域格式"，打开"属性"窗格。在"标题选项"选项卡下单击"大小与属性"按钮，单击"对齐方向"按钮，在下拉列表中选择"竖排（从右向左）"选项。

步骤6：勾选"图例"复选项，在下一级列表中选择"右"，如图4-51所示。

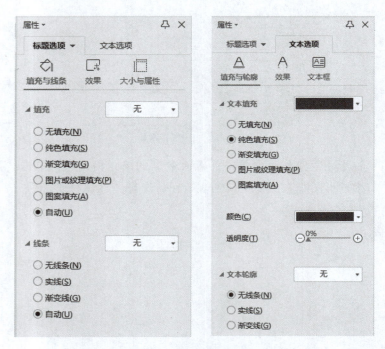

图 4-50 "属性"对话框

图 4-51 图例的位置

步骤 7：单击图表区任意位置，在浮动工具栏中单击"图表筛选器"，单击"系列"前的折叠按钮，展开"系列"列表，取消勾选"减分项"复选项。单击"应用"按钮。

步骤 8：单击图表区任意位置，单击"图表工具"选项卡下"图表区"右侧的下拉列表按钮，如图 4-52 所示，选择"系列加分项"。单击图表区右侧浮动工具栏中的"设置图表区域"，打开"属性"窗格，在"填充与线条"区域将该系列的填充颜色改为"蓝色-深蓝渐变"。使用同样的方法将"基础分"系列的填充颜色改为"橙红色-褐色渐变"，将"总分"系列的填充颜色改为"金色-暗橄榄绿渐变"，效果如图 4-53 所示。

模块四　WPS 表格

图 4-52　图表元素

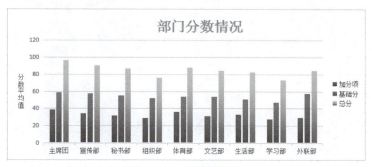

图 4-53　步骤 8 结果

步骤 9：单击图表区任意位置，单击"设置图表区域"，打开"属性"窗格，在"图表选项"选项卡下单击"填充与线条"，将图表区的填充颜色改为"亮天蓝色，着色 1，浅色 80%"，效果如图 4-54 所示。

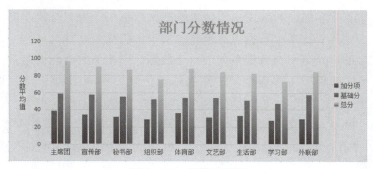

图 4-54　步骤 9 结果

步骤 10：通过两次单击操作选中图表中的网格线（单击图表任意位置，单击网络线，参考图如图 4-55 所示），按 Delete 键，删除网格线。使用同样的操作步骤，将"主要纵坐标轴"删除，效果如图 4-56 所示。

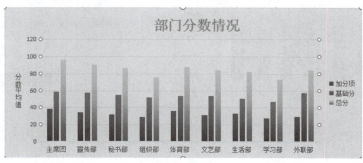

图 4-55　选中网格线

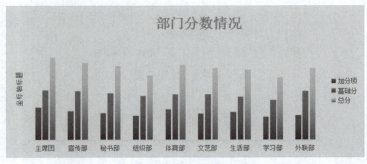

图 4-56 步骤 10 结果

任务 2 组合图表

模块 4
项目 4 任务 2

任务要求：将"柱形图"工作表中的图表改为组合图，其中，"总分"设置为折线图并为"总分"系列添加误差线。

知识储备：

折线图是将同一数据系列的数据点在图上用直线连接起来，用来显示数据的变化趋势。与柱形图比，当数据很多时，折线图更适合二维的大数据集，由于折线图更容易分析数据的变化趋势，对于那些趋势比单个数据点更重要的情景，折线图是首选。

误差线以图形的形式显示与数据系列中每个数据标记相关的可能误差量。

步骤 1：在"柱形图"工作表中单击图表任意位置，在"图表工具"选项卡下，单击"更改类型"按钮，在打开的"更改图表类型"对话框中选择"组合图"，将"加分项"的图表类型设置为"簇状柱形图"，"基础分"的图表类型设置为"簇状柱形图"，"总分"的图表类型设置为"折线图"，并勾选"总分"右侧的"次坐标轴"复选项，如图 4-57 所示。

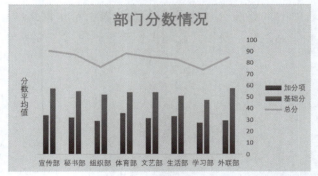
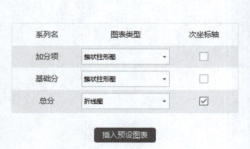

图 4-57 组合图表选项

步骤 2：单击图表区任意位置，单击"图表工具"选项卡下"图表元素"下拉列表按钮，在列表中选择"系列总分"，在图表区右侧的浮动工具栏中选择"图表元素"，单击"误差线"→"标准误差"。

步骤 3：单击图表区任意位置，单击"图表工具"选项卡下"图表元素"下拉列表按钮，在列表中选择"系列总分 Y 误差线"，在图表区右侧的浮动工具栏中选择"设置图表区域格式"，在"属性"窗格中，将"误差线"中的垂直误差线方向调整为"负偏差"，效果如图 4-58 所示。

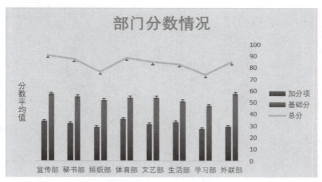

图 4-58　步骤 3 结果

任务 3　饼图的创建及编辑

模块 4
项目 4 任务 3

任务要求 1：复制"2022 学年度学生干部考核表"工作表，统计不同等级的学生人数，并将汇总结果放到"饼图"工作表中。

步骤 1：参考任务 1 的任务要求 1，使用分类汇总功能将"不同等级的学生人数"汇总结果复制到新工作表"饼图"中，如图 4-59 所示。

步骤 2：在数据区域单击任意单元格，在"开始"选项卡中单击"查找"命令右侧的下拉列表按钮，选择"替换"选项，打开"替换"对话框，在"查找内容"中输入"计数"，单击"全部替换"按钮，一次性清除数据区中的"计数"两个字。

步骤 3：在 C1 单元格中输入"占比"。单击 C2 单元格，输入公式"= A2/A$6"，按 Enter 键确定公式，使用填充柄工具填充 C3：C5 单元格区域。选择 C2：C5 单元格区域，单击"开始"选项卡中的"百分比样式"，将占比结果设置为百分比，效果如图 4-60 所示。

	A	B
1	编号	等级
2	1	及格 计数
3	8	良好 计数
4	4	优秀 计数
5	3	中等 计数
6	16	总计数

图 4-59　汇总结果

	A	B	C
1	编号	等级	占比
2	1	及格	6%
3	8	良好	50%
4	4	优秀	25%
5	3	中等	19%

图 4-60　步骤 3 结果

任务要求 2：利用"饼图"工作表中的数据创建合适的图表来表达不同等级人数的占比情况，并对工作表做适当编辑。

步骤1：在"饼图"工作表中选择 B1:C5 单元格区域，单击"插入"选项卡"图表"组中的"三维饼图"选项，完成基本图表的创建，如图4-61所示。

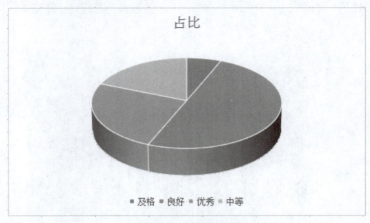

图4-61　三维饼图

步骤2：单击图表中的标题，将文本改为"成绩等级占比"。

步骤3：单击图表区任意位置，在"图表"选项卡中单击"预设样式"右侧的下拉列表按钮，在列表中选择"样式2"。

步骤4：单击图表区任意位置，在浮动工具栏中单击"设置图表区域格式"，在"图表选项"中选中"效果"标签中的"三维旋转"，将"X旋转"设置为200°，"Y旋转"设置为20°。

步骤5：单击图表区任意位置，在浮动工具栏中单击"图表元素"，在"图例"的下一级选项中选择"右"。单击图例，打开"属性"窗格，在"图例选项"中将图例的填充设置为"无填充"。保持图例为选中状态，在"开始"选项卡中，将图例的字号设置为12号，效果如图4-62所示。

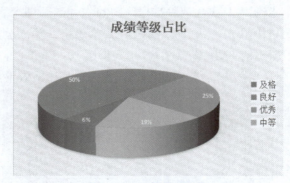

图4-62　步骤5结果

步骤6：单击图表任意位置，单击任意系列，再选择"优秀"系列（灰色），在打开的"属性"窗格中选择"系列"标签，将"点爆炸型"设置为30%，如图4-63所示。效果如图4-64所示。

模块四　WPS 表格

图 4-63　系列选项

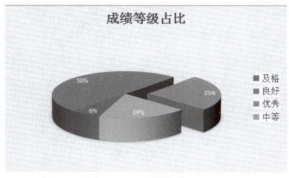

图 4-64　最终结果

实训拓展

在配套的电子资源文件夹"项目 4 要求与素材.et"中的"素材"工作表内完成图表的绘制。

（1）复制"素材"并命名为"销售份额"，使用饼图查看 1 月份各员工的销售情况。

（2）参考图 4-65，对饼图进行适当编辑。

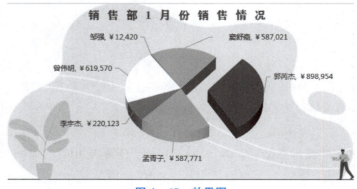

图 4-65　效果图

（3）复制"素材"并命名为"销售趋势"，查看男、女员工各月份销售额的最高值，并显示级别2。

（4）参考图4-66，将汇总后的结果复制到当前工作表A17:I19单元格区域。

性别	1月	2月	3月	4月	5月	6月	7月	8月
男	619570	866029	527041	763808	715291	846334	398895	862217
女	898954	263785	722278	848606	950960	805296	959674	735640

图4-66 数据

（5）根据A17:I19单元格区域内的数据，创建折线图和折线图的组合图表。

（6）参考图4-67，对组合图进行适当编辑。

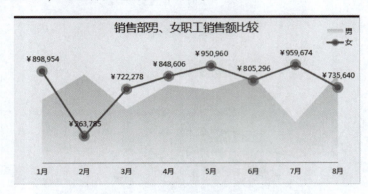

图4-67 效果图

小 结

WPS表格是电子表格制作工具，它以数据为基础，可以对数据进行计算、分析及综合应用。相较于Office Excel组件，WPS表格提供了更多的会员服务，如"快速填充""计算排名""快捷筛选"等，还有丰富且美观的图表预设效果，可以让使用者在使用WPS的过程更便捷、高效。

课后练习

一、单选题

1. 在WPS表格工作表中，若C7、D7单元格中已分别输入数值2和5，选中这两个单元格后，左键横向向右手动填充柄，则填充的数据是（　　）。

　　A. 2　　　　　　　B. 5　　　　　　　C. 8　　　　　　　D. 9

2. 如果在单元格中输入数据"20091225"，WPS表格将它识别为（　　）数据。

　　A. 字符型　　　　　　　　　　　　　B. 数值型
　　C. 日期和时间型　　　　　　　　　　D. 公式型

3. 在 WPS 表格中，在打印预览状态下，说法正确的是（　　）。
   A. 可以打印整个工作簿　　　　　　B. 不可以打印选定区域
   C. 在预览状态下不能打印　　　　　D. 只能在预览状态下打印
4. 在 WPS 表格中设置工作表"打印标题"的作用是（　　）。
   A. 在首页突出显示标题　　　　　　B. 在每一页都打印出标题
   C. 在首页打印出标题　　　　　　　D. 作为文件存盘的名字
5. 在 WPS 表格中保护一个工作表，可以使不知道密码的人（　　）。
   A. 看不到工作表内容
   B. 不能复制工作表的内容
   C. 不能删除工作表的内容
   D. 不能删除工作表所在的工作簿文件
6. 在 WPS 表格中根据数据制作图表时，可以对（　　）进行设置。
   A. 图表标题　　　B. 坐标轴　　　C. 网格线　　　D. 以上都可以
7. 在 WPS 表格的函数中，显示当前日期的函数是（　　）。
   A. DATE　　　　B. TODAY　　　C. VEAR　　　D. COUNT
8. 在 WPS 表格中，为了能直观地反映出数据变化趋势，最好使用（　　）图表。
   A. 条形图　　　B. 折线图　　　C. 饼图　　　D. 面积图
9. 下列操作中，不能在 WPS 表格工作表的选定单元格中输入函数公式的是（　　）。
   A. 单击"编辑"栏中的"插入函数"按钮
   B. 单击"插入"选项卡中的"对象"命令
   C. 单击"公式"选项卡中的"插入函数"命令
   D. 在"编辑"栏中输入等于（=）号，从栏左端的函数列表中选择所需函数
10. 关于 WPS 表格中的工作表，下列说法错误的是（　　）。
    A. 每个工作表可以相互独立
    B. 一个工作表就是一个".et"文件
    C. 可以根据需要给工作表重命名
    D. 一个工作簿中建立的工作表的数量是有限的

二、多选题

1. 下面关于 WPS 表格工作表的重命名的叙述中，正确的是（　　）。
   A. 复制的工作表自动在后面加上数字
   B. 一个工作簿中不允许具有名字相同的多个工作表
   C. 工作表在命名后还可以修改
   D. 工作表的名字只允许以字母开头
2. 关于 WPS 表格单元格边框的设置，（　　）。
   A. 可以设置边框线
   B. 可以设置边框颜色
   C. 可以设置不同的边框样式

D. 可以无边框

3. 在 WPS 表格中，关于工作表标签的叙述，正确的有（　　）。

A. 可以为每个工作表标签设置不同的颜色

B. 可以为工作表标签重新命名

C. 可以改变工作表标签的高度

D. 可以用鼠标拖动来改变工作表标签的先后位置

4. 在 WPS 文字中，下列关于表格的描述，正确的是（　　）。

A. 表格中可以添加斜线

B. 可以将表格内的数字转换成文本格式

C. 表格中的数据不能排序

D. 表格中不可以插入图

5. 以下正确的 WPS 表格公式形式是（　　）。

A. ＝SUM(B3:E3)*F3　　　　　　　　B. ＝SUM(B3:E3)*F$3

C. ＝SUM(B3:E3)*F3　　　　　　　　　D. ＝SUM(B3:E3)*$F3

6. 在 WPS 表格中，如果单元格中的内容是 18，则在编辑栏中的显示有可能是（　　）。

A. 10＋8　　　　B. ＝10＋8　　　　C. 18　　　　D. ＝B3＋C3

7. 在 WPS 表格中，关于筛选的说法，不正确的是（　　）。

A. 删除不符合设定条件的其他内容

B. 筛选后仅显示符合设定筛选条件的某一值或符合一组条件的行

C. 将改变不符合条件的其他行的内容

D. 将隐藏符合条件的内容

8. 在 WPS 表格中，下列说法正确的是（　　）。

A. 排序一定要有关键字，关键字最多可用 3 个关键字

B. 筛选就是从记录中选出符合要求的若干条记录，并显示出来

C. 分类汇总中的汇总就是求和

D. 单元格格式命令可以设置单元格的背景颜色

模块五 WPS演示文稿

WPS 演示文稿，是 WPS Office 的一个非常重要的办公组件，广泛应用于各种场合，如商务演讲、教育培训、产品推广等。金山公司 WPS Office 软件中的演示文稿组件提供了丰富的功能和特性，使用户可以轻松地创建出具有吸引力和表现力的演示文稿。

演示文稿可以帮助用户将想法和信息以直观的方式呈现出来。通过演示文稿，用户可以使用文字、图片、音频、视频等多种形式的媒体来展示所要传达的内容。而且，演示文稿可以根据演讲者的需要进行灵活的排版和演示设置，从而达到更好的视觉效果和传达效果。同时，演示文稿具有非常强的交互性。在演示过程中，用户可以利用演示文稿的特性，如动画、链接等，使得演示更加生动、有趣和互动。此外，演示文稿还可以让用户快速切换幻灯片，以便更好地呈现和传达信息，同时，也可以通过全屏演示的方式，让观众更加专注于演示内容。

WPS 演示文稿提供了多种样式和模板，使得用户可以轻松地创建出符合自己需求和喜好的演示文稿。同时也支持多种文件格式的导入和导出，方便用户与其他软件之间的互通和协作。

在学习 WPS 演示文稿之前，需要知道一个好的演示文稿应该是简单、清晰、易读和具有吸引力的。在制作演示文稿时，应该避免使用过于复杂和烦琐的设计，而要注重内容和传达效果。

首先，字号大小和配色方面不要过于繁杂。字体和字号应该选择清晰易读的字体，不要使用过于花哨或难以辨认的字体；配色方面，应该选择一种适合场合和主题的颜色，以避免过于刺眼或过于单调的配色方案。同时，文字颜色和背景颜色应该形成一种明显的对比，使得文字更加易读。

其次，一页幻灯片的文字不应该过多。演示文稿的目的是传达信息，而不是用大量的文字来堆砌。每页幻灯片应该包含一个主题，要点以简洁的文字和图片来呈现。同时，应该注意通过罗列条目和关键词来更好地突出重点，便于阅读者理解。

再次，演示文稿的动画和转场效果应该慎重使用。好的动画和转场效果可以使演示更加生动和吸引人，但是过多或过于花哨的动画和转场效果会分散观众的注意力，从而达不到传达信息的目的。应该选择适当的动画和转场效果，以突出重点和引导观众的注意力。

最后，演示文稿应该具有结构性和逻辑性。内容应该按照逻辑顺序组织，使观众可以更加清晰地理解信息。同时，可以使用主题和子主题等形式，使演示文稿的结构更加清晰明了。

总之，一个好的演示文稿设计应该注重内容和传达效果。字号、配色、一页幻灯片的文字不要过多，多采用罗列条目等形式是制作演示文稿时应该注意的一些方面。同时，演示文稿的动画和转场效果应该适当使用，结构和逻辑应该清晰明了。

项目 1

中国载人航天工程——演示文稿的排版与设计

项目情境

滨小职需要制作一份关于中国载人航天工程介绍的汇报稿,需要图文并茂地展示中国航天人不断攻坚克难,创造"飞天"奇迹的载人航天精神,他需要怎样着手开始呢?

项目分析

WPS 演示文稿提供了与 WPS 文字相似的文字编辑功能,同时又提供了丰富的图片编辑功能,用户可以直接插入本地图片或网络图片,并对图片进行裁剪、调整大小和透明度等操作。另外,WPS 演示文稿内置了许多漂亮的主题,用户可以在主题库中选择适合自己需求的主题,一键应用到演示文稿中。

本项目需要完成中国载人航天大事记介绍汇报稿,展示几十年来中国载人航天发展历程。

项目目标

(1)熟练掌握 WPS 演示文稿的基本操作。
(2)掌握演示文稿文字、图片的编辑操作。

项目实施

模块 5
项目 1 任务 1

任务 1　演示文稿的创建与编辑

任务要求:
(1)新建演示文稿,命名为中国载人航天.pptx。
(2)创建幻灯片内容,并进行文字编辑、排版。

按照步骤,完成任务要求中的内容,最终效果如图 5-1 所示。

知识储备 1:演示文稿的基本操作

演示文稿是指将所要呈现的内容以一定的方式组织、排版而形成的文档,而幻灯片是指演示文稿中的一页展示内容。WPS 演示文稿提供了多种操作方式来管理幻灯片。

图 5-1 效果图

（1）新建幻灯片：用户可以选择菜单栏的"开始"→"新建幻灯片"，或者通过单击某一页幻灯片窗格底部的"+"按钮来新建幻灯片。

（2）复制幻灯片：用户可以在大纲窗格中选中要复制的幻灯片，在菜单栏中单击"复制"（Ctrl + C）命令，然后在想要复制到的位置中单击"粘贴"（Ctrl + V）命令即可。

（3）移动幻灯片：用户在大纲窗格中选中要移动的幻灯片，在幻灯片窗格中拖动幻灯片到目标位置即可完成移动操作（或者使用"剪切"→"粘贴"的方式）。

（4）删除幻灯片：选中要删除的幻灯片，在右键菜单中选择"删除幻灯片"命令。

（5）设置幻灯片的大小：在"设计"标签页中，单击"幻灯片大小"按钮，可以选择"标准（4∶3）"或者"宽屏（16∶9）"，或者选择"页面设置"，在弹出的对话框中选择已有的标准尺寸或者自定义尺寸。如果需要自定义尺寸，可以在"宽度"和"高度"输入框中输入具体数值，同时还可以选择尺寸的单位（英寸、厘米、点、毫米等）。设置完成后，单击"确定"按钮即可完成幻灯片大小的调整，如图 5-2 所示。

（6）设置幻灯片的方向：同样，在"设计"标签页中，单击"幻灯片大小"按钮，在弹出的"幻灯片大小"对话框中选择"方向"选项卡，即可看到"纵向"和"横向"两个选项。选择"横向"后，幻灯片的方向会变为横向；选择"纵向"后，幻灯片的方向会变为纵向。需要注意的是，调整幻灯片大小和方向可能会对原有的排版和布局产生影响。

（7）组织与管理幻灯片：选中某一页幻灯片，在右键菜单中选择"新增节"，可以在当前页幻灯片的位置插入分节符。分节符可以将多页幻灯片按小节进行归类，小节中的幻灯片可以随所在节统一管理，用户可以为小节自定义名称，如图 5-3 所示。

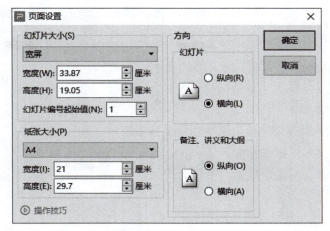

图 5-2 幻灯片大小

图 5-3 幻灯片分节

知识储备 2：演示文稿的视图

WPS 演示文稿提供了三种视图，分别为普通视图、幻灯片视图和阅读视图，三种视图可以在状态栏中进行切换，如图 5-4 所示。

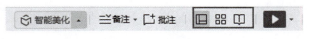

图 5-4 演示文稿视图

（1）普通视图：普通视图是 WPS PPT 的默认视图，也是最常用的视图。在普通视图下，可以看到幻灯片的大纲结构和所有幻灯片的缩略图，以便快速浏览和编辑整个演示文稿。

（2）幻灯片视图是一种更加结构化的视图，可以看到整个演示文稿所有幻灯片的全貌，可以对单个幻灯片进行具体的编辑和设计，如图 5-5 所示。

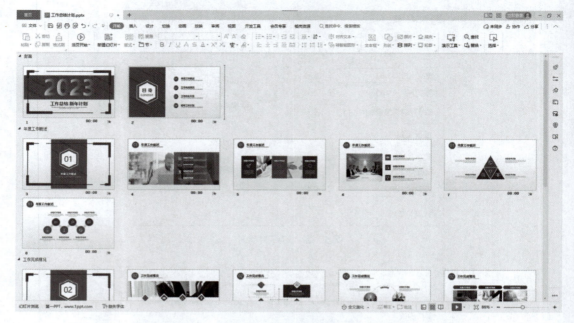

图 5-5　幻灯片视图

（3）在阅读视图下，可以将幻灯片全屏幕显示，并以演示模式展示幻灯片。在此视图下，可以使用演示文稿浏览工具，如文本放大器和画笔等工具，帮助用户更好地进行演示。此视图通常用于实际演示时的预览和演示。

知识储备 3：幻灯片的占位符

在 WPS 演示文稿中，幻灯片的"占位符"是指在幻灯片中预留的一些位置，用于容纳特定类型的内容，比如文本、图片、图表等。占位符通常会以不同的形状进行标识，以便用户在幻灯片编辑过程中快速识别和填充相应的内容，如图 5-6 所示。

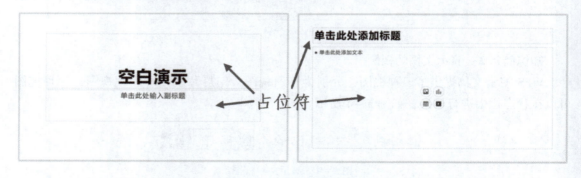

图 5-6　幻灯片占位符

幻灯片的占位符可以帮助用户更加方便地制作幻灯片，避免了手动绘制各种元素的麻烦。此外，幻灯片的占位符也有助于保证幻灯片的一致性和专业性。比如，在制作演讲稿时，幻灯片的标题、副标题和正文部分通常会有固定的格式和位置，使用占位符可以确保每一张幻灯片都符合这个格式，让演讲稿看起来更加统一和整洁。

要使用幻灯片的占位符，用户只需要用鼠标单击占位符区域，然后进行相应的编辑即可。例如，在文本占位符中输入文字，或者在图片占位符中插入图片。如果用户需要调整占位符的大小或位置，也可以通过拖动边框或者使用调整工具来实现。

单击幻灯片窗格下面的"+"按钮，在母版版式中可以选择含有不同占位符版式的新幻灯片，如图 5-7 所示。

图 5-7　新建版式（占位符不同）

步骤 1：在新建的演示文稿中，新建第一页幻灯片。通过大纲视图下的 + 按钮新建幻灯片，在弹出的菜单中选择"新建"，展开"母版版式"，选择封面版式，在标题占位符中输入"中国载人航天工程"，在副标题占位符中输入"逐梦寰宇问苍穹——中国载人航天工程三十年"。

步骤 2：新建第二页幻灯片，建立含有标题和内容占位符的版式，并输入文字内容，内容使用项目符号"●"进行编排。通过调整内容占位符的大小，WPS 演示文稿会自动调整文字的大小和段落间距，以使文字能够一直在占位符内，如图 5-8 所示。

图 5-8　缩放占位符调整文字大小

步骤3：新建第三页幻灯片，输入文字，通过"插入"→"图片"向幻灯片中插入图片。

步骤4：按照以上方式新建第四～八页幻灯片。

步骤5：新建第九页幻灯片，在内容占位符中使用项目符号"●"编排7项文字标题。然后选中内容，在"文本工具"中找到"转换成图示"（图5-9），选择"并列"，然后选择一种并列效果。

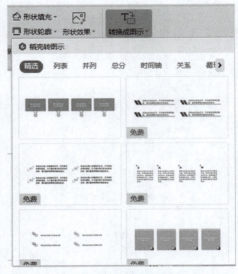

图5-9 转换成图示

转换成图示是WPS提供的一种快速美化项目符号编排的文字到图形化项目的方法，包括列表、并列、总分、时间轴、关系等多种编排方式（部分内容需要订阅WPS稻壳会员）。

步骤6：新建第十页幻灯片，完成图片及文字的编排。选中"标识创意诠释"文本框，在"文本工具"中选择稻壳艺术字进行美化（部分内容需要订阅WPS稻壳会员），如图5-10所示。

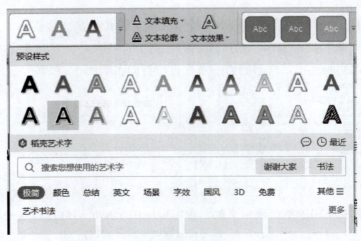

图5-10 艺术字

在 WPS 中，选中图片、文字、图表等对象后，在右侧的快捷菜单中单击 按钮，可以对相应的对象进行快速处理。如文字对象可以进行项目符号、换字体、转换文字效果等操作；图片对象可以进行找相似、加边框、创意裁剪等操作。

选中右侧的文本框内容，在"文本工具"中单击"转换成图示"→"并列"，选择一种并列效果进行美化，如图 5-11 所示。

图 5-11　转换成图示

步骤 7：在幻灯片窗格中，在第一页前单击右键，在快捷菜单中选择"新建节"，重命名节标题为"封面"；在第一页与第二页之间单击右键，在快捷菜单中选择"新建节"，重命名节标题为"载人航天工程"；在第五页与第六页之间单击右键，在快捷菜单中选择"新建节"，重命名节标题为"载人航天工程飞行任务大事记"；在第九页与第十页之间单击右键，在快捷菜单中选择"新建节"，重命名节标题为"中国载人航天工程"。

任务 2　演示文稿的美化

任务要求：对幻灯片应用主题、配色进行美化。

按照步骤，完成任务要求中的内容，最终效果如图 5-12 所示。

知识储备：智能美化

WPS 演示文稿拥有智能美化功能，可以帮助用户快速美化幻灯片，让演示文稿更加精美。智能美化功能可应用于整个演示文稿，也可以应用于单个幻灯片。这一功能可以根据幻灯片内容自动选择合适的配色方案、调整字体大小和颜色、优化图片的大小和位置等，让幻灯片看起来更加美观。

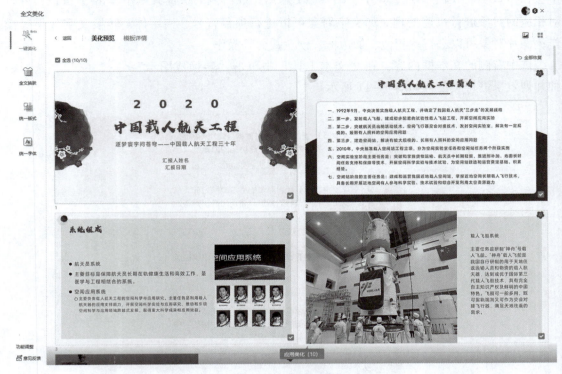

图 5-12 效果图

选择"设计"→"智能美化",选择"全文换肤",这一功能可以让用户一键更换整个演示文稿的主题配色,如图 5-13 所示。

图 5-13 全文换肤

"统一版式"功能可以使幻灯片快速应用一套统一的版式,也可以对其中某一页应用单独的版式。智能美化的版式比默认版式更具有设计感,如图 5 – 14 所示。

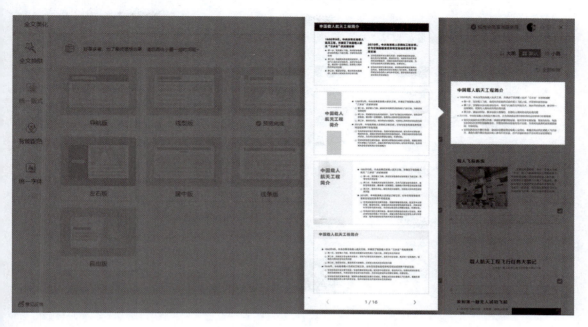

图 5 – 14　统一版式

"智能配色"功能是一种能够自动为幻灯片选择最佳颜色方案的智能功能。这个功能可以帮助用户快速创建一个专业外观的幻灯片,同时无须对每个元素逐个进行调整,如图 5 – 17 所示。

当用户选择了智能配色功能后,WPS 演示文稿会自动根据当前幻灯片的主题、元素等信息,选择一个最适合的颜色方案。这个方案不仅可以保证各个元素之间的协调性,还可以使整个幻灯片看起来更加舒适、美观。

此外,WPS 演示文稿的智能配色功能还支持用户自定义颜色方案。用户可以通过调整颜色、设置字体等操作来创建一个属于自己的个性化颜色方案。这个方案可以随时保存并应用于其他幻灯片,提高用户的工作效率和设计水平,如图 5 – 15 所示。

智能美化功能中的"统一字体"功能可以快速地将演示文稿中的所有文字设置为同一种字体,以达到一致的视觉效果,如图 5 – 16 所示。

步骤 1:在"设计"菜单中,选择"更多设计",打开"全文换肤"窗口,选择"空白演示经典风格"主题,并应用到演示文稿,如图 5 – 17 所示。

步骤 2:打开"智能配色"窗口,选择"古典深红"配色方案,并应用到演示文稿,如图 5 – 18 所示。

步骤 3:打开"统一字体"窗口,选择"汉仪铸字超然体"字体,并应用到演示文稿。

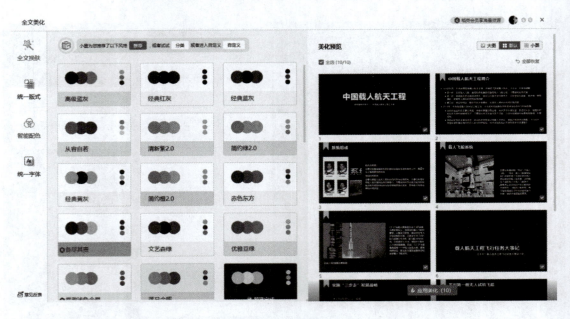

图 5-15 智能配色

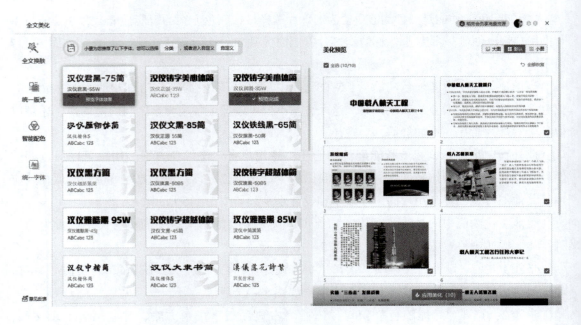

图 5-16 统一字体

模块五　WPS 演示文稿

图 5-17　空白演示经典风格

图 5-18　"古典深红"配色方案

项目 2

美丽中国宣传画——演示文稿的动画制作

项目情境

在学院举办的校园艺术周活动中，滨小职同学想以"美丽中国"为主题制作一组幻灯片，用于在校园文化广场的大屏幕中滚动展示。要怎样制作才能使幻灯片更加生动、有吸引力呢？他的想法怎样才能通过相关功能展示出来呢？我们一起来为他出谋划策吧。

项目分析

要做好一份图文并茂，以图形化效果为主的演示文稿，可以通过动画、幻灯片切换效果等方法实现。

本项目需要完成美丽中国宣传画，展示中国城市的美丽风景。

项目目标

（1）掌握幻灯片切换效果的使用。
（2）掌握对象元素动画效果的基本制作方法。

项目实施

模块5
项目2 任务1

任务1 "美丽中国2022"封面的图文排版及动画设计

任务要求
（1）对幻灯片封面进行文字、图像排版编辑。
（2）对"美丽中国2022"字样添加"动态数字"动画效果。
（3）对"绚丽中国 城市先行"制作字体碰撞后强调动画效果。
（4）为当前幻灯片设置"淡出"切换效果。

任务完成效果如图 5−19 所示。

知识储备1：幻灯片切换

幻灯片切换是指在演示文稿播放过程中，切换不同幻灯片的过程。在 WPS 演示文稿中，

图 5-19　效果图

幻灯片切换可以通过多种动画效果来实现，从而使演示更加生动。在"切换"菜单中，有多种幻灯片切换效果，如图 5-20 所示。

图 5-20　切换效果

默认情况下，幻灯片在切换时不会有任何切换效果，即"无切换"。选中一张幻灯片，选择"擦除"效果，则在放映演示文稿时，上一页幻灯片切换到当前幻灯片时，就会应用"擦除效果"，如图 5-21 所示。

图 5-21　"擦除"切换效果

对于任意一个切换效果，都提供了"效果选项"来帮助用户自定义切换效果。例如，对于"擦除效果"，效果选项提供了从不同方向显示擦除效果来进入幻灯片，如图5-22所示。

图5-22 "擦除"效果选项

同时，切换效果也可以对效果持续时间（速度）、是否带有声音、如何触发换片进行设置，如图5-23所示。选择"应用到全部"可以将在"切换"所做的全部设置应用到全部幻灯片。

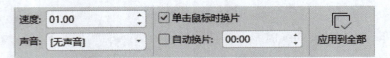

图5-23 其他效果选项

下面是一些常见的幻灯片切换效果。

（1）平滑：平滑是一种渐进式的幻灯片切换效果，具有优雅、自然的特点。在平滑效果下，当前的幻灯片慢慢淡出，下一张幻灯片慢慢淡入，两张幻灯片之间的过渡非常柔和，给人一种温和、流畅的感觉。

（2）淡出：当前幻灯片在渐渐消失，同时下一张幻灯片逐渐显现。在淡出的过程中，当前幻灯片会逐渐变暗直至消失，而下一张幻灯片则会逐渐变亮直至完全显示出来。这种切换效果适用于需要表现场景的变换或者情感的转移等场合，可以使演示文稿更加流畅和自然。

（3）形状：幻灯片切换效果中的"形状"是指在切换幻灯片时，以幻灯片内的形状为单位进行的切换效果。该效果通常用于展示具有特殊形状的图形或文本，使幻灯片过渡更加自然、流畅。在该效果中，原来的幻灯片将以形状为单位逐渐消失，新幻灯片中相应的形状逐渐出现。

（4）溶解：将当前幻灯片慢慢地溶解成透明状态，新的幻灯片逐渐显现出来。这种切换效果适用于需要进行有节奏变换的演示文稿，如新闻报道、文献资料、电影介绍等。

（5）推出：在推出效果中，幻灯片上的当前内容会向某一个方向推出，同时下一张幻灯片的内容会从相反方向进入。

（6）线条：在切换幻灯片时，沿着特定路径以线条的形式展示幻灯片内容。

知识储备2：动画

WPS 演示文稿的"动画"功能可以为幻灯片中的对象（如文本框、图形、图片等）添加动画效果，从而使幻灯片更具生动性和吸引力。WPS 演示文稿中的动画效果分为进入、强调、退出和路径四大类，每一类又包含多种动画效果，用户可以根据需要选择不同的动画效果。

通过 WPS 演示文稿中的动画功能，可以实现一些非常酷炫的效果，如图像的缩放、飞入、淡入淡出等，文本的逐个出现、字体的变化、文本的飞入等。同时，WPS 演示文稿还提供了一些高级功能，如动画时间轴、动画顺序、动画效果选项等，可以帮助用户更好地控制动画效果，从而使演示文稿更具专业性和视觉效果。

选中幻灯片中的一个图形、图片或文本框等对象后，选择"动画"菜单，可以为其添加动画效果，如图 5-24 所示。

图 5-24 "动画"菜单

1. "进入"动画

"进入"这一类动画效果，之所以被称为"进入"，是因为它们都是在演示文稿中某个对象出现时才会被触发播放，进而实现类似于进入幻灯片中的某种效果。这些进入动画效果的应用可以帮助演示者更生动、有趣地展示演示文稿的内容，吸引观众的注意力，从而更好地传达演示的目的。以下是常见的一些进入动画。

- 淡入：对象逐渐从透明到不透明地出现在幻灯片上。
- 滑入：对象从幻灯片边缘滑入目标位置。
- 飞入：对象从幻灯片的边缘或角落以一定速度飞入。
- 弹出：对象从幻灯片底部或者顶部以弹性动画的方式弹出。
- 切入：对象从幻灯片边缘或角落突然出现。

图 5-25 显示了 WPS 提供的进入动画效果。

2. "强调"动画

WPS 演示文稿中的"强调"类动画效果能够强调演示文稿中的特定对象，增强这些对象的重要性或突出展示它们的特点。这类动画效果通常用于文本或图像对象，并且可以在进入动画之后应用。

以下是 WPS 演示文稿中"强调"类动画效果的一些示例。

- 脉冲：选定的对象会闪烁几次。
- 弹跳：对象会先向上弹起，然后在落下时弹跳几次。
- 晃动：对象会沿水平或垂直轴晃动。

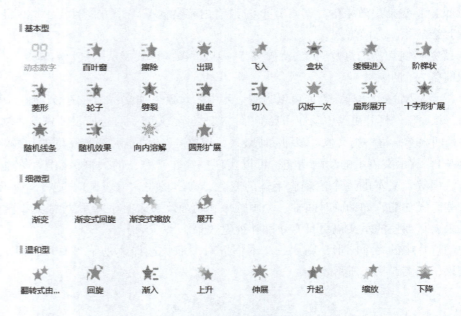

图 5-25 "进入"动画

- 文本缩放：这是一种特殊的强调动画，它可以使选定的文本放大或缩小，从而引起观众的注意。在这种动画中，文本的颜色、字体和字号通常会保持不变。
- 颜色变化：选定的对象的颜色将在几秒钟内逐渐变化，从而吸引观众的注意。这个动画效果可以与其他动画效果配合使用，例如旋转或移动。

需要注意的是，文本相较于图片、图形对象有专门的强调动画效果。例如，在 WPS 演示文稿中，可以为文本对象选择"更改字体""更改字号"或"添加下划线"等强调效果，以使它们与其他文本区分开来，如图 5-26 所示。

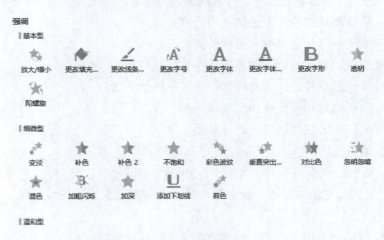

图 5-26 "强调"动画

3. "退出"动画

"退出"是 WPS 演示文稿中动画效果的一类，它指的是对象离开幻灯片时的动画效果。

这类动画效果通常会使对象逐渐消失，从而达到减少干扰，提升视觉效果的目的。

在 WPS 演示文稿中，"退出"动画效果包括多种不同的效果，例如：
- 消失：对象从幻灯片中逐渐消失，直至完全消失。
- 溶解：对象逐渐溶解消失。
- 飞出：对象飞出幻灯片，消失于画面之外。
- 盒装：对象被装进一个盒子中，然后从幻灯片中逐渐消失。
- 擦除：对象被擦除消失，就像在黑板上擦掉一样。
- 翻转：对象沿着水平轴或垂直轴翻转消失。

对于文本对象，WPS 演示文稿中也有特别的"退出"动画效果，例如：
- 消退：文字逐渐消失。
- 删减：文字被逐渐删减，直至完全消失。
- 盒装：文字被装进一个盒子中，然后从幻灯片中逐渐消失。
- 翻页：文字沿着水平轴或垂直轴翻转消失。

4. "动作路径"动画

"动作路径"是 WPS 演示文稿中的一类动画效果，它可以让对象沿着预定的路径进行动画效果的展现。具体而言，用户可以通过在演示文稿中添加自定义的路径来设置对象的动画路径，这些路径可以是直线、曲线、自由形状等不同形状，可以让动画效果更加丰富生动。

常见的动画路径包括直线路径、曲线路径、自由形状路径等。其中，直线路径比较简单，适合展示基本的平移或旋转动画效果；曲线路径可以让对象沿着弯曲的路径进行动画展现，适合展示一些比较生动的效果；自由形状路径则更为灵活，可以按照用户自己设计的路径来展现对象的动画效果。适合展示比较独特的效果，如图 5-27 所示。

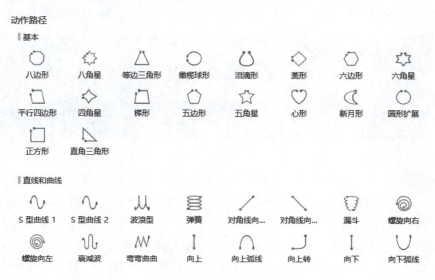

图 5-27 "动作路径"动画

在 WPS 演示文稿中，用户为对象添加动画路径效果的步骤如下。

（1）选中要添加动画路径的对象。

（2）在"动画效果"选项卡中，单击"路径动画"。

（3）在"路径动画"菜单中，选择需要的路径类型和动画效果。

（4）根据需要调整路径的起点和终点，并在需要的地方添加节点，调整路径的形状和方向。

（5）单击"预览"按钮，预览动画效果，确认无误后保存。

步骤1：对幻灯片封面进行文字、图像排版编辑。

使用素材图片"西藏珠穆朗玛峰"作为幻灯片背景，平铺于整页幻灯片。"美丽中国2022"文本字体设置为"金山云技术体"、字号60、白色，放置于画面中央。"绚丽中国 城市先行"文本字体设置为"微软雅黑"、加粗、字号40、白色，并在文字下方创建平行四边形图形，穿过文字，图形颜色为"热情的粉红，着色6，深色25%"，透明度为25%，无边框。

步骤2：对"美丽中国2022"字样添加"动态数字"动画效果。

选中"美丽中国2022"文本对象，在"动画"菜单中选择"动画窗格"，打开动画窗格。在动画效果中选择"动态数字"，设置：开始为"在上一动画之后"，速度为"快速"，如图5-28所示。此步骤完成后，可以实现"美丽中国2022"文本中的数字动态变化的效果。

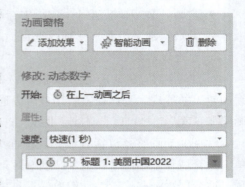

图5-28 动画窗格

步骤3：对"绚丽中国 城市先行"制作字体碰撞后强调动画效果。

（1）选中"绚丽中国 城市先行"文本对象，对其复制一份副本，如图5-29所示。

图5-29 创建副本

（2）对原始文本、文本副本两个对象设置动画效果"飞入"，在动画窗格中，将原始文本动画设置为"自左侧""在上一动画之后""非常快（0.5秒）"；将文本副本设置为"自右侧""与上一动画同时""非常快（0.5秒）"。

（3）选中文本副本对象，在动画窗格中，选择"添加动画"→"强调"→"放大/缩小"，设置为"在上一动画之后"、尺寸"150%"、速度"快速（1秒）"。

（4）选中文本副本对象，在动画窗格中，选择"添加动画"→"退出"→"渐变"，设置为"与上一动画同时"、尺寸"150%"、速度"非常快（0.5秒）"。设置后，动画窗格内容如图5-30所示。

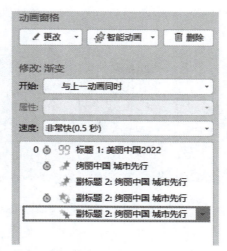

图 5-30　封面动画效果

(5) 将原始文本、文本副本两个对象在图 5-31 所示位置重合。可以通过选中两个文本对象,在弹出的快捷菜单中使用"中心对齐"来快速完成重合操作。

图 5-31　中心对齐

单击状态栏中的"预览"按钮,可以看到首先出现"美丽中国 2022"动态数字动画效果,此后出现"绚丽中国　城市先行"文本从屏幕左、右出现并向中间靠拢、碰撞、放大、消失的过程,起到突出文字的效果。

步骤 4：为当前幻灯片设置"淡出"切换效果。

在"幻灯片切换"中,为当前幻灯片设置:"淡出"、效果选项"平滑"、速度"00.70"、无声音、单击鼠标换片。

模块 5
项目 2 任务 2

任务 2　"北京天坛""北京鸟巢"的图文排版及动画设计

任务要求

(1) 对幻灯片封面进行文字、图像排版编辑。

(2) 为第 3 页"北京鸟巢"添加幻灯片切换效果"推出",并对齐第 2 页和第 3 页的粉红底色的平行四边形,使"推出"动画播放时,两页幻灯片像是一幅连续的画。

任务完成效果图如图 5-32 所示。

图 5-32　效果图

步骤 1：对幻灯片封面进行文字、图像排版编辑。

使用教材资源库素材"北京天坛""北京鸟巢"图片作为两页幻灯片背景，平铺于整页幻灯片。按照图 5-32 所示，在第 2 页幻灯片左上角创建图形和文本"北京"。在两幅图片的下方放置文字，文本设置为字体"微软雅黑"，颜色为白色，字号根据样图大小自行设置。

步骤 2：设置幻灯片切换效果。

（1）在第 2 页创建平行四边形，图形颜色为"热情的粉红，着色 6，深色 25%"，透明度为 25%，无边框，按照图 5-32 所示位置放置图形。

（2）对第 2 页幻灯片应用切换效果"淡出"。

（3）复制第 2 页幻灯片中的平行四边形图形到第 3 页，对第 3 页幻灯片应用切换效果"推出"，效果选项"向上"。

（4）调整第 3 页平行四边形的位置，使得"推出"效果持续过程中，两页幻灯片的平行四边形是相接的，从而达到两页幻灯片好像是一张连续的图画，达到镜头移动的影视化艺术效果，如图 5-33 所示。

图 5-33　推出效果

模块五　WPS 演示文稿

任务 3　"天津海河"的图文排版及动画设计

任务要求

（1）对幻灯片封面进行文字、图像排版编辑。
（2）完成本页幻灯片动画效果。

任务完成效果如图 5-34 所示。

模块 5
项目 2 任务 3

图 5-34　效果图

步骤 1：对幻灯片封面进行文字、图像排版编辑。

使用教材资源库素材"天津海河"图片作为幻灯片背景，平铺于整页幻灯片。按照图 5-34 所示在第 2 页幻灯片左上角创建图形和文本"天津"。在两幅图片的下方放置文字，文本设置为字体"微软雅黑"，颜色为白色，字号根据样图大小自行设置。

步骤 2：设置幻灯片切换效果。

（1）选中幻灯片左上角的图形和文本"天津"，设置动画效果"切入"，在动画窗格中，将原始文本动画设置为"与上一动画同时""自右侧""非常快（0.5 秒）"。

（2）选中画面下方的描述文本对象，设置动画效果"百叶窗"，在动画窗格中，将原始文本动画设置为"在上一动画之后""水平""快速（1 秒）"，延迟时间为"00.50"。

（3）选中当前幻灯片，在"切换"菜单中设置幻灯片切换效果"擦除"，效果选项"向左"，速度"01.00"（秒）。

至此，实现第 4 页幻灯片的动画设置。

任务 4　"香港隧道"的图文排版及动画设计

模块 5
项目 2 任务 4

任务要求

（1）对幻灯片封面进行文字、图像排版编辑。
（2）完成本页幻灯片动画效果。

任务完成效果如图 5-35 所示。

图 5-35　效果图

步骤 1：对幻灯片封面进行文字、图像排版编辑，如图 5-35 所示。

步骤 2：完成本页幻灯片动画效果。

（1）选中幻灯片背景图片对象"香港隧道"，设置动画效果："进入"→"渐变""在上一动画之后""非常快（0.5 秒）"。

（2）选中幻灯片左上角的图形和文本"香港"，设置动画效果"切入"，在动画窗格中，将原始文本动画设置为"与上一动画同时""自右侧""非常快（0.5 秒）"。

（3）选中文本对象，将其放置到幻灯片底部可视范围之外，选择动画效果"动作路径"→"向左弧线"。绿色三角表示动作路径的起点，红色三角表示终点，如图 5-35 所示。调整路径曲线，动画设置为"与上一动画同时""解除锁定""中速（2 秒）"，如图 5-36 所示。

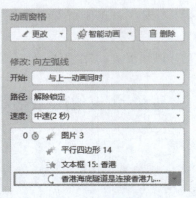

图 5-36　动作路径

模块五　WPS 演示文稿

任务 5　重庆、澳门、广州宣传页的图文排版及动画设计

任务要求

（1）对幻灯片封面进行文字、图像排版编辑。

（2）完成本页幻灯片切换效果（自定义）。

任务完成效果如图 5-37 所示。

图 5-37　效果图

步骤 1：对第 6~8 页幻灯片封面进行文字、图像排版编辑。
步骤 2：对第 6 页幻灯片添加幻灯片切换效果"线条"，效果选项"垂直"。
步骤 3：对第 7 页幻灯片添加幻灯片切换效果"分割"，效果选项"左右分割"。
步骤 4：对第 8 页幻灯片添加幻灯片切换效果"百叶窗"，效果选项"垂直"。

项目 3

"互联网+"大赛路演汇报——演示文稿的图形化表达

项目情境

滨小职同学所在的创业团队进入了全国"互联网+"创新创业大赛的预选赛环节。团队需要对创业项目制作路演汇报演示文稿，向投资人和评委讲解项目内容。滨小职发现汇报演示文稿章节标题不清晰，不美观，同时，项目内容中包含许多数据、表格，看起来非常不直观，他想把数据所表达的信息以图形化的形式清楚地展示出来，现在他要着手开始了。

项目分析

WPS 演示文稿作为一款专业的演示制作软件，提供了丰富的图表和图形来帮助用户更好地表达数据信息。通过使用图表、图形来表达数据，可以使得受众更加清晰、准确地掌握数据信息，同时也能够让演示文稿变得更加美观、生动。同时，借助幻灯片母版的编辑，可以对同一版式的幻灯片应用同样的背景、字体、排版，对于内容较多的演示文稿来说，提高了制作的工作效率。

本项目需要制作"互联网+"大赛的路演演示文稿，针对具体数据对象进行图形化处理，并综合运用各类工具完善参赛演示文稿。

项目目标

（1）掌握幻灯片母版的使用。
（2）掌握演示文稿的图形化表达。
（3）掌握演示文稿的综合制作技巧。
（4）掌握演示文稿的放映与发布。

项目实施

模块 5
项目 3 任务 1

 章节标题页的制作

任务要求：在第 2 页幻灯片中制作章节标题页。

任务完成效果如图 5-38 所示。

图 5-38　效果图

步骤 1：使幻灯片中的背景图铺满整页幻灯片。

步骤 2：在幻灯片中绘制自定义图形。

（1）在"插入"选项卡中选择"形状"→"线条"→"任意多边形"，在绘制过程中按住 Shift 键，按图 5-39 所示形状进行绘制。

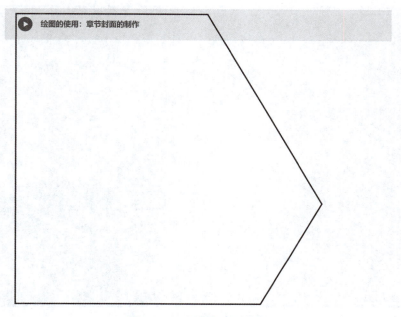

图 5-39　任意多边形绘制

（2）使用"填充"中的取色器，选取背景图片中天空蓝色对图形进行颜色填充，透明度15%，无边框线，如图5-40所示。

图5-40 填充颜色

（3）选中自定义图形，复制一份副本，然后选中两个图形，使用"中心对齐"使两个图形重合，然后选中副本图形，对其设置：有边框线，白色，线条3磅。之后对此副本图形等比例缩小，构成自定义图形内边框线的效果，如图5-41所示。

图5-41 副本等比例缩小

步骤 3： 在图形中绘制文本框，内容为"01 项目背景"，如图 5-42 所示。

图 5-42 项目背景文字

任务 2　使用智能图形美化项目标题

任务要求： 在第 3 页幻灯片中使用智能图形美化项目标题。

任务完成效果如图 5-43 所示。

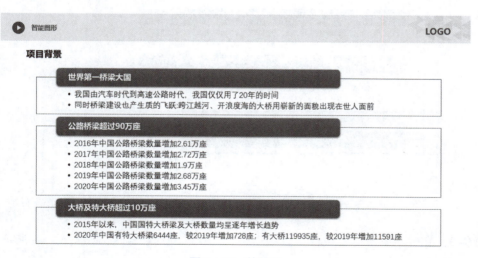

图 5-43 效果图

步骤 1： 选择"插入"→"智能图形"→"列表"→"垂直框列表"，如图 5-44 所示。

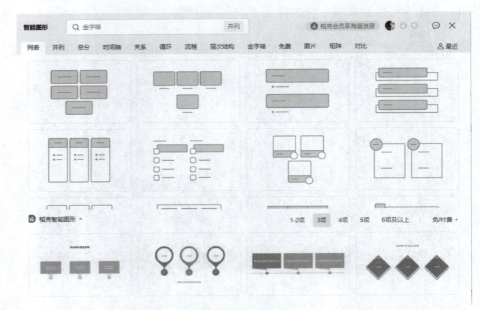

图5-44 智能图形

步骤2：在插入的智能列表中，填充幻灯片中给出的文字。智能图形列表会根据当前智能列表的大小和填充文字的多少来自动调整字体大小，如图5-45所示。

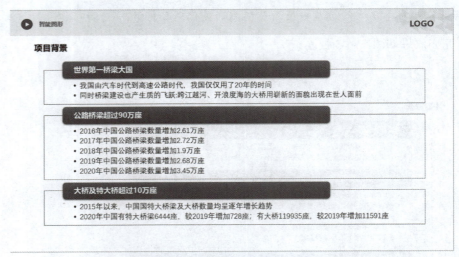

图5-45 列表自动调整字体大小

步骤3：在智能图形的"设计"选项卡中，选择一种列表样式，如图5-46所示。

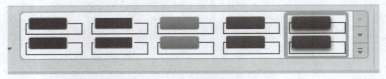

图5-46 智能列表样式

模块五　WPS 演示文稿

任务3　使用图表表示数据

模块5
项目3任务3

任务要求：在第4页幻灯片中使用图表表示数据。

任务完成效果如图 5-47 所示。

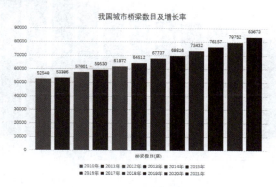

图 5-47　效果图

步骤1：选择"插入"→"图表"→"柱形图"→"簇状柱形图"，然后选中插入的图表，在"图表工具"中选择编辑数据，打开 WPS 表格，如图 5-48 所示。

图 5-48　编辑图表

步骤2：根据幻灯片中表格数据的内容，将若干年份对应"系列"，将城市桥梁数目对应"类别"，编辑表格，如图 5-49 所示。

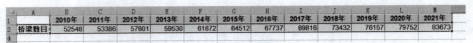

图 5-49　图表数据

步骤 3：根据效果图，在图表工具中选择"快速布局"中的"布局 3"，编辑图表标题，并在"添加元素"中添加"数据标签"→"数据标签外"，如图 5-50 所示。

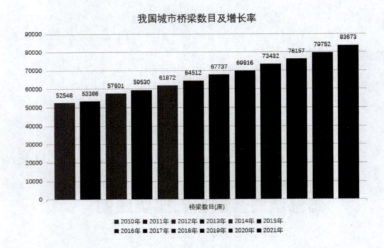

图 5-50　完成图表格式编辑

任务 4　数据的图形化表达

模块 5
项目 3 任务 4

任务要求：将第 5 页幻灯片中的数据使用图形化表达。

任务完成效果如图 5-51 所示。

桥梁的老龄化

专家认为桥梁使用超过25年以上则进入老化期，据统计，2020年我国桥梁总数的**60%**已经属于此范畴，均属"老龄"桥梁；随着时间的推移，其数量还在不断增长，由此带来的经济影响与安全隐患不容忽视。

图 5-51　效果图

知识储备：在 WPS 演示文稿中使用图表

在演示文稿中，可以通过插入 Excel 表格或数据，将数据转换为各种图表进行表达，这样可以更加直观、清晰地向受众展示数据信息。以下是几种使用场景及举例。

（1）比较不同数据的大小关系：可以使用柱状图、条形图、面积图等。例如，要展示不同月份销售额的大小关系，可以使用柱状图，直观地展示出销售额的高低差异，如图 5 - 52 所示。

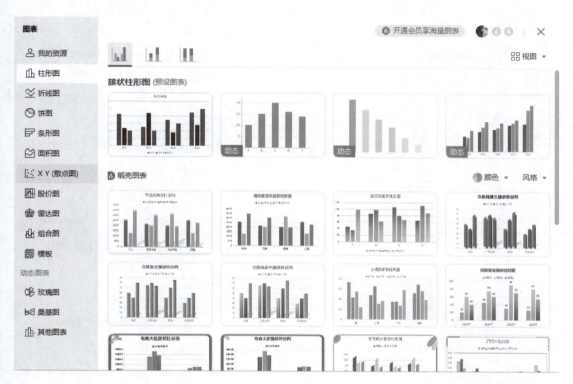

图 5 - 52　柱形图

（2）显示趋势变化：可以使用折线图、散点图、气泡图等。例如，要展示某产品在过去几年中的销售情况，可以使用折线图，清晰地显示出销售额的趋势变化，如图 5 - 53 所示。

（3）比较不同部分占整体的比例关系：可以使用饼图、环形图等。例如，要展示某公司各个部门在整个公司中所占的比例，可以使用饼图，直观地展示出各个部门在整个公司中所占的比例关系，如图 5 - 54 所示。

（4）在使用图表表达 Excel 文件中的数据的过程中，需要注意选择合适的图表类型、调整图表的样式和布局、添加标题和标签等，以确保受众能够更好地理解数据信息。

下面是使用 WPS 演示文稿在一页幻灯片中插入一个图表的操作过程：

（1）在幻灯片中选择一个合适的位置，单击菜单栏中的"插入"选项卡，选择"图表"。

（2）在弹出的"图表"对话框中，选择一个合适的图表类型，例如柱状图、折线图等，并单击"确定"按钮。

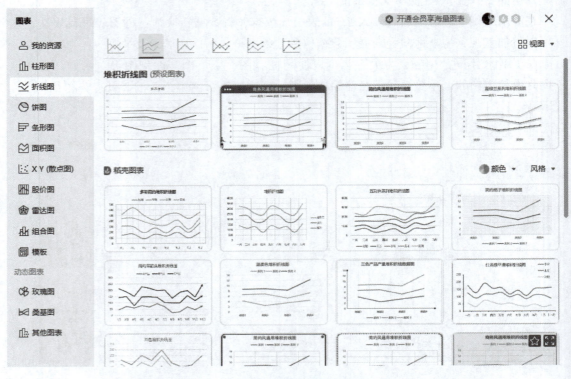

图 5-53 折线图

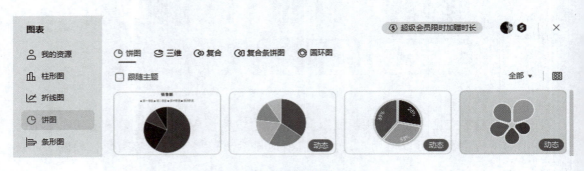

图 5-54 饼图

（3）在弹出的"数据编辑器"对话框中，输入或导入需要表达的数据。可以在该对话框中进行一些数据格式的设置，如 X 轴、Y 轴的标题及数据系列的颜色等。

（4）确认数据输入完毕后，单击"确定"按钮，WPS 演示文稿会自动在选定的位置插入一个图表。

例如，需要在幻灯片中表达 2019 年和 2020 年某地区的销售额情况。在弹出的"图表"对话框中，选择"柱状图"，并单击"确定"按钮。在"数据编辑器"对话框中，输入销售额数据，见表 5-1。

表 5-1 销售额数据

年份	销售额
2019	5 000
2020	8 000

在数据编辑器中设置 X 轴标题为"年份",Y 轴标题为"销售额",并为数据系列选择合适的颜色。确认数据输入完毕后,单击"确定"按钮,WPS 演示文稿会自动在选定的位置插入一个柱状图,用于表达该地区的销售额情况。

步骤1:创建空心弧形,编辑图形,构成圆形。

(1) 选择"插入"→"形状"→"基本形状"→"空心弧",绘制图形时,按住 Shift 键,然后按住图形上的黄色菱形手柄,调整得到图形的宽度和弧度,填充颜色为:猩红,着色5,深色25%,最后将图形沿顺时针方向旋转90%,如图 5-55 所示。

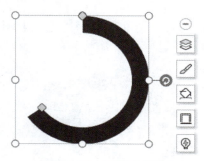

图 5-55 创建空心弧

(2) 在"开始"选项卡中,选择"选择"→"选择窗格",打开选择窗格,如图 5-56 所示。

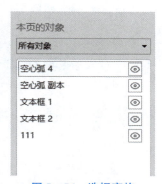

图 5-56 选择窗格

(3) 选中空心弧图形,复制一份副本,并在选择窗格中为其命名为"空心弧副本",填充颜色为:白色,背景1,深色25%。然后同时选中原始图形与副本图形,选择"中心对齐",在选择窗格中选择"空心弧副本"表示的对象,选择"旋转"→"水平翻转",再选择"下移一层",效果如图 5-57 所示。

步骤 2：添加数字。

选择"插入"→"形状"→"基本形状"→"椭圆"，绘制图形时按住 Shift 键，绘制一个圆形，填充颜色为：猩红，着色 5，深色 25%，在圆形内添加文字"60%"，微软雅黑，白色，放置于空心弧上，如图 5-58 所示。

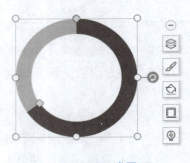
图 5-57　组成圆环

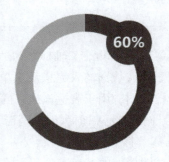
图 5-58　添加文字

步骤 3：添加图标。

选择"插入"→"图标"，选择一个和此数据主题相近的图表放置于圆环的中央，如图 5-59 所示。

图 5-59　添加图标

任务 5　添加水印

模块 5
项目 3 任务 5

任务要求：为整个幻灯片添加"内部资料，请勿外传"的水印。

知识储备：幻灯片母版概述

WPS 演示文稿中的"幻灯片母版"是一种模板，用于设计演示文稿中所有幻灯片的外观和版式。使用幻灯片母版可以让演示文稿的制作变得更加高效、简便，同时，还可以保证整个演示文稿的外观风格的统一性。

通过幻灯片母版，用户可以设置幻灯片的背景、字体、字号、字形、颜色等格式。可以自定义演示文稿的设计元素，如标题字体和大小、文本框的位置和大小、图标和图表样式等。用户可以根据需求自定义多个幻灯片母版，以便在不同的演示文稿中使用。

使用幻灯片母版功能可以方便地为演示文稿添加一致的设计元素和排版样式，特别是对于大型演示文稿或多人协作制作的演示文稿来说，使用幻灯片母版可以极大地提高工作效率。例如，如果需要制作一份公司年度报告演示文稿，其中涉及多个部门的数据和信息，可以使用幻灯片母版来确保每个部门的数据幻灯片具有相同的设计元素和排版样式，同时也可以简化整个演示文稿的设计和编辑流程。

当幻灯片母版被编辑后，所有基于该母版创建的幻灯片都会自动更新，从而确保整个演示文稿保持一致的设计风格和排版样式。这不仅可以节省时间和精力，还可以确保演示文稿看起来更加统一和专业。因此，在制作演示文稿时，使用幻灯片母版功能可以提高制作效率和文稿的质量。

在 WPS 演示文稿中，可以通过以下步骤访问和编辑幻灯片母版。

（1）打开 WPS 演示文稿，单击"设计"选项卡，选择"编辑母版"选项，即可进入幻灯片母版视图，如图 5-60 所示。

图 5-60　动作路径

（2）在幻灯片母版视图中，可以修改幻灯片母版的背景、字体、颜色、布局等设置。幻灯片母版由主母版和从属的版式母版构成。在主母版中对幻灯片进行设置，将应用到全部版式的幻灯片；在版式母版中对幻灯片进行设置，则会应用到对应版式的幻灯片。

（3）编辑完毕后，在"幻灯片母版"标签页中单击"关闭"按钮，即可完成对母版的修改，并返回演示文稿视图，此时可以看到普通幻灯片受母版所做修改的影响的效果。

步骤 1：选择"设计"选项卡中的"幻灯片母版"，进入幻灯片母版编辑视图，如图 5-61 所示。

图 5-61 幻灯片母版视图

步骤 2：选择本演示文稿所使用的版式母版，在其上制作水印。

（1）选择"插入"→"艺术字"，选择一种艺术字样式。

（2）编辑艺术字，设置其字体为：仿宋，72 号，字符间距：紧缩，1.8 磅，文本填充颜色：白色，背景 1，深色 15%，透明度 50%~60%，文本轮廓颜色：深于填充颜色，然后调整文字摆放角度，如图 5-62 所示。

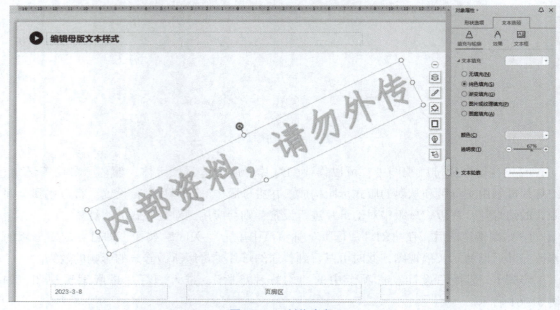

图 5-62 制作水印

（3）选择"幻灯片母版"选项卡，单击"关闭"按钮，保存设置。之后所有相应版式母版都将应用此水印，如图 5-63 所示。

图 5-63　关闭母版

任务 6　为幻灯片添加日期与页码

步骤 1：选择"插入"选项卡中的"页眉页脚"，打开"页眉和页脚"对话框，如图 5-64 所示。

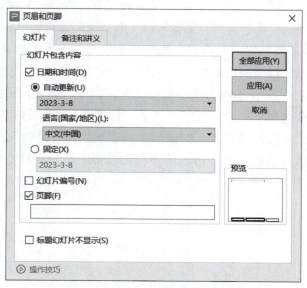

图 5-64　"页眉和页脚"对话框

步骤 2：勾选"日期和时间""幻灯片编号""页脚"，并输入"WPS 演示文稿教程"，然后单击"全部应用"按钮，如图 5-65 所示。

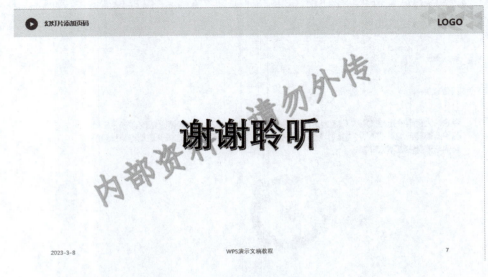

图 5－65　添加页脚

小　　结

  WPS 演示文稿是一款功能强大的演示制作软件，可以帮助用户快速创建精美的演示文稿。它不仅提供了丰富的演示模板、动画效果和图表，还支持多种媒体类型的添加，如音频、视频和图片等。

  在工作中，WPS 演示文稿可以广泛应用于各种场景。例如，它可以用于商业演示，帮助企业展示产品或服务，让客户对其有更深入的了解。同时，它还可以用于教育领域，如教师可以使用 WPS 演示文稿制作课程内容，使学生更加生动、形象地理解课程内容。此外，它还可以用于会议演示，帮助演讲者更好地展示自己的观点和想法，让听众更加易于理解。

  WPS 演示文稿提供了多种不同的演示模板，包括商务、教育、科技等多种类型，让用户可以根据自己的需要选择最适合的模板，省去了从零开始制作的麻烦；WPS 演示文稿提供了丰富的动画效果，可以让用户制作的演示文稿更加生动、吸引人；WPS 演示文稿支持多种图表制作，如柱状图、折线图、饼状图等，可以帮助用户更加直观地展示数据；WPS 演示文稿支持多种媒体类型的添加，如音频、视频和图片等，让用户可以更好地展示自己的想法和观点。

课后练习

一、选择题

1. WPS 演示文件的默认扩展名是（　　）。

  A．.docx   B．.ppt   C．.dps   D．.xlsx

2. 如果要修改幻灯片中文本框内的内容，应该（　　）。

A. 首先删除文本框，然后重新插入一个文本框

B. 选择该文本框中所要修改的内容，然后重新输入文字

C. 用新插入的文本框覆盖原文本框

D. 重新选择带有文本框的版式，然后向文本框内输入文字

3. 下列（　　）操作不能退出 WPS 演示工作界面。

A. 在"文件"选项卡中选择"退出"命令

B. 按 Esc 键

C. 单击窗口右上角的"关闭"按钮

D. 按 Alt + F4 组合键

4. 关于幻灯片动画效果，下列说法不正确的是（　　）。

A. 对于同一个对象，不可以添加多个动画效果

B. 可以为动画效果添加声音

C. 可以调整动画效果顺序

D. 可以进行动画效果预览

5. WPS 演示文件中主要的编辑视图是（　　）。

A. 备注视图　　　　　　　　　　　B. 幻灯片浏览视图

C. 幻灯片放映视图　　　　　　　　D. 普通视图

6. 演示文稿中每张幻灯片都是默认基于（　　）创建的，它预定义了新建幻灯片的各种占位符布局情况。

A. 版式　　　　B. 视图　　　　C. 母版　　　　D. 模板

7. 在"自定义动画"任务窗格中为对象添加效果时，不包括（　　）。

A. 动作路径　　B. 退出　　　　C. 进入　　　　D. 切换

二、填空题

1. 在_____视图中浏览 WPS 演示文稿时，用户可以看到整个演示文稿的内容，各幻灯片将按次序排列。

2. 如果要从当前幻灯片"溶解"到下一张幻灯片，应先选中下一张幻灯片，然后切换到"_____"选项卡，在"切换到此幻灯片"选项组中进行。

3. 要使幻灯片在放映时实现在不同幻灯片之间的跳转，需要为其设置_____。

4. 在_____中添加了放映控制按钮，则所有的幻灯片上都会包含放映控制按钮。

模块六

新一代信息技术概述

信息技术（Information Technology，IT）也称信息和通信技术（Information and Communications Technology，ICT），是用于管理和处理信息所采用的各种技术的总称，其主要应用计算机科学和通信技术设计，以及开发、安装、部署信息系统和应用软件。从信息技术出现至今，其概念和内涵随着技术本身的发展而不断演化。

新一代信息技术，例如人工智能、物联网、大数据、量子信息、区块链等，不仅是指信息领域的一些分支技术的纵向升级，更主要的是指信息技术的系统平台和产业的代际升级。新一代信息技术与生物技术、新能源、新材料、新技术交叉融合，逐渐成为这些新兴产业的基础数字技术系统平台，使建立在数字信息技术基础上的产业边界逐渐模糊化，从而逐步实现了实体经济数字化，从物联网技术融合，到产品和业务融合，再到市场融合，最后达到生产、销售、物流等环节紧密融合在一起，形成数字经济发展新动能。

本模块以寻找生活中的信息技术为线索，介绍了信息技术的发展史和几种新一代信息技术的典型应用。

项目 1

信息技术的发展史

在浩瀚的历史长河中,信息技术既是推动人类文明进步的动力,更是人类文明进步的标志。语言、文字、印刷术、电磁波、互联网……这些信息技术发展史上的标志性成果,一次又一次地改变了人类的生活方式,推动着人类文明走向更高的山峰。

项目情境

滨小职等当代大学生,他们的成长伴随着中国互联网的发展,被人们称为"衔着鼠标出生的一代",他们是信息技术的主要应用者和受益者,让他们带领我们了解一下信息技术的发展史吧。

项目分析

(1) 了解信息技术的五次革命。
(2) 了解中外计算机发展历程。
(3) 使用 WPS 流程图表达信息技术发展史。

项目目标

本项目的目标是结合所学信息技术的发展史,了解计算机、互联网、信息技术的发展过程,绘制信息技术发展流程图,培养学生既能充分利用互联网资源,又能保持学术独立性和批判性思考的能力。

项目实施

任务1 了解信息技术发展史,并用流程图表达

知识储备:信息技术五次革命

信息技术伴随着人类社会的发展孕育而生,并随着科技的发展而不断变革。信息技术发展至今,经历过五次革命。

第一次信息技术革命的标志是"语言"。"语言"是人类文明发展的一个里程碑,促进了人类思维的提升,推进了人类文明的进步,同时也促进了人与人之间的思想交流。

第二次信息技术革命的标志是"文字"。"文字"使得人类的文明可记载、可保存，并能够使信息克服时间和空间的局限，长距离传输。

第三次信息技术革命的标志是"印刷术"。由此技术而产生了图书、报刊等信息的载体，推进了信息的传递和信息的共享、普及。

第四次信息技术革命的标志是以"电信号"为媒介的产品，例如：电话、电报、电视、广播等，使信息的传播更为广泛和普及。

第五次信息技术革命正在被人类所经历着，并在不断"推陈出新"，标志性产物层出不穷。例如：计算机、移动终端设备、智能电话、人工智能产品、量子计算机等。新一代信息技术是计算机技术与新一代通信技术以及人工智能技术叠加融合而生，并快速更新迭代，以惊人的速度改变着我们生活、工作的方方面面。

随着我国信息技术的迅速发展和应用的普及，信息产业已经成为我国支柱产业，发展规模已经居世界第二位，特别是党的十八大以来，党中央将"新一代信息技术"产业作为国民经济的战略性、基础性和先导性产业。在党中央的坚强领导下，我国新一代信息技术产业规模效益稳步增长，创新能力持续增强。我国新一代信息技术发展呈现如下特点：

产业规模迈上新台阶。我国电子信息制造业的营业收入在工业中占比十年保持第一；信息技术服务业业务收入年均增速达到16%，增速位居国民经济各行前列。

创新能力取得新发展。我国新一代信息技术产业创新能力持续提升，集成电路、新型显示、第五代移动通信等领域技术创新密集涌现，超高清视频、虚拟现实、先进计算机领域发展步伐进一步加快。基础软件、工业软件、新兴平台软件等产品创新迭代不断加快，供给能力持续增强。

产业结构实现新突破。我国新一代信息技术产业结构不断优化。2021年，14家中国软件名城软件和信息技术服务业业务收入占全国软件比重达78.4%，产业集聚效应凸显。

融合应用探索新空间。我国新一代信息技术产业赋能、赋值、赋智作用深入呈现，面向教育、金融、能源、医疗、交通等领域典型应用场景的软件产品和解决方案不断涌现。尤其是在疫情期间，"健康码""行程卡""远程办公""线上会议""协同研发"等代表新一代信息技术的软件创新应用有力地支撑了疫情防控期间各项工作和复工复产。

任务要求1：利用流程图表达信息技术发展史。

步骤1：选择"文件"菜单→"新建"，选择"流程图"，新建流程图。

步骤2：在搜索框中输入"免费时间轴"，单击"搜索"按钮。

步骤3：普通注册用户可以在"时间轴"模板列表中选择合适的免费模板并使用该模板，如图6-1所示；若为付费用户，则可以选择超级会员免费模板。

任务要求2：在流程图中制作第一次信息技术革命部分。

步骤1：修改时间轴上方"标题文本框"内容为"信息技术五次革命"。

步骤2：删除多余的项目，留下5项即可。在最左侧的第一项时间提示处输入时间"10万年前"。

模块六　新一代信息技术概述

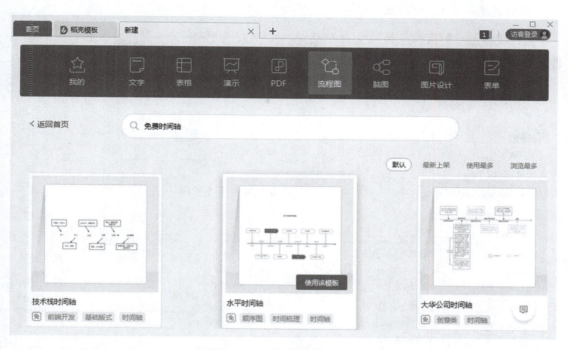

图 6-1　"时间轴"模板列表

步骤 3：在最左侧的第一项文本框中输入"第一次信息技术革命——语言"，如图 6-2 所示。

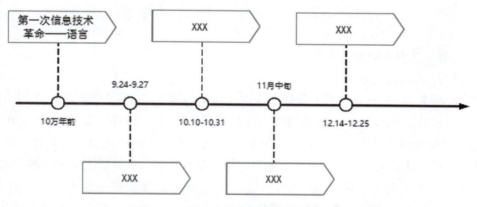

图 6-2　第一次信息技术革命部分制作

任务要求 3：制作其他部分。

按照任务要求 2 的步骤完成其他部分内容制作，此处不再赘述。

任务要求4：导出流程图文件或者图片。

完成流程图绘制后，选择"文件"菜单→"另存为/导出"→"POS 文件（*.pos）"，确定流程图保存路径和文件名，即可导出流程图。此项功能限付费用户。

除此以外，普通注册用户可以将流程图另存为"PNG 图片""JPG 图片"或者"PDF 图片"，如图 6-3 所示。

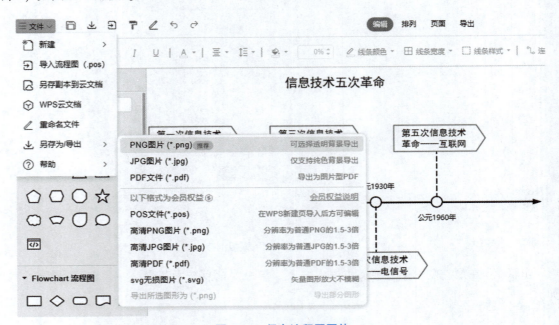

图 6-3　保存流程图图片

任务 2　寻找生活中的计算机

知识储备：中外计算机的发展历程

1. 国际计算机的发展历程

在国际领域，一般将计算机的发展根据性能和使用的主要元件的不同划分为四个阶段：

◆ 第一代计算机（1946—1958 年），以电子管为主要元器件，也被称为"电子管时代"，其最具代表性的计算机是由宾夕法尼亚大学设计的 ENIAC 电子数字积分计算机，如图 6-4 所示。其设计者是美籍匈牙利科学家冯·诺依曼教授。该计算机主要用于科学计算。

◆ 第二代计算机（1959—1964 年），以晶体管为主要元器件，也被称为"晶体管时代"。相较于第一代计算机，第二代计算机具有体积小、质量小、发热少、速度快等优点。主要用于数据处理和实时控制等领域。

◆ 第三代计算机（1965—1970 年），采用了中、小规模集成电路元件，这一时代的计算机体积发生了质的变化，运算速度显著提升，运算精度极大提升，其应用范围扩大到辅助设计和企业管理等领域。

图 6-4　ENIAC 计算机

◆ 第四代计算机（1971 年至今），采用大规模或者超大规模集成电路为基本电子元件。这一时代计算机的种类、型号更多，出现了超薄、超轻和掌中计算机，应用范围更为广泛，涉及人类活动的各个领域，并且计算机处理数据的运算能力、运算精度以及运算速度都发生了翻天覆地的变化。伴随着软件技术的发展和硬件的深度融合，更是推进了"人工智能"技术的全面进步和发展。

2. 我国计算机的发展历程

◆ 第一代电子管计算机（1958—1964 年）：我国从 1957 年在中科院计算机所开始研制通用数字电子计算机。1958 年 8 月 1 日，103 机可以实现端程序运行，标志着我国第一台电子数字计算机的诞生，如图 6-5 所示。1964 年，我国第一台自行设计的大型通用数字电子计算机 119 机研制成功。

图 6-5　103 机（我国第一代计算机）

◆ 第二代晶体管计算机（1965—1972 年）：1965 年，中科院计算机所研制成功我国第一台大型晶体管计算机——109 乙机；两年后，在 109 乙机的基础上进行改进，研制推出 109 丙机，为我国"两弹一星"的试制发挥了极为重要的作用，被誉为"功勋机"。

◆ 第三代中小规模集成电路计算机（1973—80 年代初）：1973 年，由北京大学与北京有线电厂等单位合作研制成功运算速度为每秒 100 万次的大型通用计算机。1974 年，清华大学等单位联合设计研制成功 DJS – 130 小型计算机，如图 6 – 6 所示。进入 80 年代，我国高速计算机特别是"向量计算机"发展迅猛。

图 6 – 6　DJS – 130 小型计算机

◆ 第四代超大规模集成电路计算机（80 年代中期至今）：我国第四代计算机研制也是从微机开始的，1980 年年初，我国相关科研单位也开始采用 Z80、X86 和 M6800 芯片研制微机。1983 年，12 电子部六所研制成功与 IBM PC 机兼容的 DJS – 0520 微机。现在我国以联想微机为代表的国产微机已经占领一大半国内市场，同时，以飞腾为代表的"中国芯"科研生产企业生产的"中国芯"被广泛应用于微机、工作站、服务器等设备中，推进了我国信创产业的高速发展。如图 6 – 7 所示。

图 6 – 7　安装飞腾 64 核高性能处理器的安擎 AI 服务器：EG940F – G20

3. 中、外计算机发展概况比较

纵观我国半个世纪以来计算机发展的历程，从 103 机到曙光机，再到如今基于全新架构"中国芯"的计算机产品，我国走过了一段极不平凡的历程。相对于发达国家计算机的发展，我国的研制水平与发达国家差距在逐步缩小。近些年我国在国防科研和重点实验室方面的计算机研制工作取得了辉煌的成绩，达到了国际领先水平，我国的巨型计算机"天河一号"的运算速度在 2010 年排名世界第一，如图 6 – 8 所示。但是，由于以美国为代表的发达国家针对我国计算机发展制定了高性能计算机禁运标准，造成了"卡脖子"现象，因此，我国计算机发展要取得市场上的成功，需要我国计算机领域的人员和有关企业进一步解放思想、转变观念、在竞争中开拓全新局面。

图6-8　天河一号

4. 计算机的未来

◆ 分子计算机，是一种体积小、耗电少、运算快、存储量大的计算机。分子计算机的运行是通过吸收分子晶体上以电荷形式存在的信息，并以更有效的方式进行组织排列。

◆ 量子计算机，是一种通过量子力学规律以实现数学和逻辑运算，处理和存储用量子比特表示的信息系统。它以量子态为记忆单元和信息存储形式，以量子动力学演化为信息传递与加工基础的量子通信与量子计算。在量子计算机中，其硬件的各种元件的尺寸达到原子或分子的量级。

◆ 光子计算机，是一种由光信号进行数字运算、逻辑操作、信息存储和处理的新型计算机。光子计算机的基本组成部件是集成光路，要有藏光器、透镜和核镜。1990年年初，美国贝尔实验室制成世界上第一台光子计算机。光子计算机的运行速度可高达一万亿次。它的存储量是现代计算机的几万倍，还可以对语言、图形和手势进行识别与合成。

◆ 纳米计算机，是一种用纳米技术研发的新型高性能计算机。纳米管元件尺寸在几到几十纳米范围，质地坚固，有极强的导电性，能代替硅芯片制造计算机。

◆ 生物计算机，是一种用蛋白质制造的计算机芯片，存储量可以达到普通计算机的10亿倍。20世纪80年代以来，生物工程学家对人脑、神经元和感受器的研究倾注了很大精力，以期研制出可以模拟人脑思维、低耗、高效的第六代计算机——生物计算机。生物计算机元件的密度比大脑神经元的密度高100万倍，传递信息的速度也比人脑思维的速度快100万倍。

任务要求1： 通过"眼睛"寻找和发现，使用手机记录。

计算机应用广泛，几乎涉及现代社会的所有领域，天气预报、地震勘探、航天科技、协同办公、自动驾驶、图像识别、智能家居、医疗诊断、电子游戏、动画制作、虚拟现实、购物消费、即时通信无一不是计算机的应用。

任务要求2：通过"网络检索"得到计算机在各个领域的应用案例，并整理使用。

通过前面模块中的网络检索方法，收集大量的图片、视频、文本、声音等媒体信息，从而得到计算机在各个领域的应用案例，并进行汇总整理。

项目 2

人工智能

人工智能是研究、开发用于模拟、延伸和扩展人的智能的理论、方法、技术及应用系统的一门新技术科学。人工智能作为第四次工业革命的引擎，已成为推动新旧动能转换的重要引领力量，是新一轮科技革命和产业变革的核心驱动力。

项目情境

习近平总书记在2018世界人工智能大会上强调，中国正致力于实现高质量发展，人工智能的发展应用将有力提高经济社会发展智能化水平，有效增强公共服务和城市管理能力。滨小职意识到人工智能将大有可为，决定也要赶上潮流，掌握人工智能技术，好好干一番事业。

项目分析

（1）人工智能的定义是什么？
（2）人工智能都有哪些技术？
（3）人工智能在哪些场景下应用？

项目目标

本项目的目标是结合所学人工智能知识，了解人工智能技术，寻找生活中人工智能典型的应用场景，使用手机把它们记录下来，或者通过网络检索进行信息的收集整理。

项目实施

任务1　了解人工智能技术

1. 人工智能的定义和发展

广义的人工智能是创造出能像人类一样思考的机器，而狭义的人工智能是指怎样获得知识，怎样表示知识并使用知识的科学。

1956年8月，在美国汉诺斯镇达特茅斯（Dartmouth）学院的会议上，一群科学家通过集中讨论，引出了"人工智能"这个概念，这一年也称为人工智能元年。人工智能问世以来，承载着人类对自己的智慧的无限自信。图灵思想实验的哲学基础，就是认为人的智能是世上所有可能智能的极限，所以，只要机器可以让人无法区分其智能行为与人的差异，那么机器就有了智能。在这样的自信下，人工智能发展到了今天，人们在追求机器从事尽可能多的智力劳动的路上走得很快，也很远。例如，让机器写新闻、让机器作音乐、让机器改照片等。

回顾人工智能发展的历史，人工智能经历了几次大起大落，每次都是在对人工智能新技术的巨大期望中开始了一次新冲击，而在碰到难以逾越的障碍后，又重整旗鼓，在新的理论和新的技术推动下，奋而前行。步入21世纪，人类进入了互联网时代。这时不仅计算机的计算和存储能力得到了巨大的提升，而且世界的万物互联和传感技术的发展，使人们在量化世界的道路上飞速前进，人类步入了量化万物的大数据时代，这样的量化世界所提供的无尽的数据资源以及以云计算技术组织起来的空前的计算能力，终于有可能使知识的自动获取成为现实。于是，从大数据中自动获取知识的机器学习，成为新一代人工智能的主要机制和技术驱动力。

2. 人工智能技术

人工智能技术总体来说可分为两层，即基础支撑层和技术层，如图6-9所示。20世纪80年代末，基础支撑层的算法逐渐成熟、大数据技术不断进步，计算力迅速提升，推动了人工智能的发展。技术层主要包括计算机视觉、语音识别和自然语音语言理解，这些技术的演进使得机器能够看懂、听懂人类的世界，用人类的语言和人类交流，研究人类智能活动的规律。

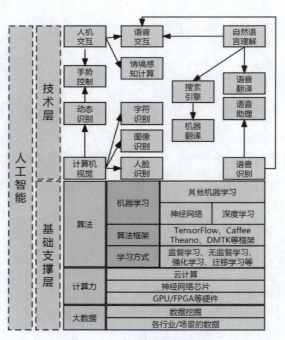

图6-9 人工智能技术图谱

人工智能技术主要包括：

1）机器学习和深度学习

机器学习，顾名思义，就是使机器掌握学习的能力，这样它就可以进行知识的自主增长，再凭借计算机强大的分析处理能力，机器就具备了智能思维的前提条件，在此基础上再进行计算机整合判断能力的研究。

深度学习通常被认为是机器学习的一种类型，有人称之为子集。机器学习使用简单的概念，如预测模型，深度学习则使用人工神经网络，旨在模仿人类的思维和学习方式。深度学习不需要我们自己去提取特征，而是通过神经网络自动对数据进行高维抽象学习，减少了特征工程的构成，在这方面节约了很多时间。

2）计算机视觉

根据《科普中国》撰写的对计算机视觉的定义，这是一门研究如何让机器"看"的科学，更进一步地说，是指用计算机代替人眼对目标进行识别、跟踪和测量的机器视觉，并进一步做图形处理，使计算机处理成为更适合人眼观察或传送给仪器检测的图像。

计算机视觉识别技术可分为三类：第一类是物体识别，包括字符识别、人体识别和物体识别；第二类是物体属性识别，包括形状识别和方位识别；第三类是物体行为识别，包括移动识别、动作识别和行为识别。

3）语音识别

语音识别是以语音为研究对象，通过信号处理和识别技术让机器自动识别和理解人类口述的语言后，将语音信号转换为相应的文本或命令的一门技术。由语音识别和语音合成、自然语言理解、语义网络等技术相结合的语音交互正在逐步成为当前多通道、多媒体智能人机交互的主要方式。

语音信号经过前端信号处理、端点检测等预处理后，逐帧提取语音特征，传统的特征类型包括有 MFCC、PLP、FBANK 等，提取好的特征会送到解码器，在训练好的声学模型、语言模型之下，找到最为匹配的序列作为识别结果输出。

4）自然语言理解

自然语言理解即文本理解，和语音图像的模式识别技术有着本质的区别。语言作为知识的载体，承载了复杂的信息量，具有高度的抽象性，对语言的理解属于认知层面，不能仅靠模式匹配的方式完成。

自然语言理解最典型的两种应用为搜索引擎和机器翻译。搜索引擎可以在一定程度上理解人类的自然语言，从自然语言中抽取出关键内容并用于检索，最终达到搜索引擎和自然语言用户之间的良好衔接，可以在两者之间建立起更高效、更深层的信息传递。而搜索引擎和机器翻译不分家，互联网、移动互联网为其充实了语料库，使其发展模态发生了质的改变。

任务2　寻找生活中的人工智能

知识储备：人工智能的典型应用

数据显示，截至 2022 年年底，中国人工智能核心产业规模超过 4 000 亿元，企业数量超过3 000家，人工智能专利申请量占全球一半以上。专家认为，在应用实践中锤炼、迭代和改进的技术，反过来又促进应用更加深化，从而形成技术进步与应用推广相互推进的良性循环。目前，工信部科技司遴选出涵盖制造、生态农业、医疗健康、金融、交通运输、城市管理、文旅教育、公共安全、能源九大领域的100个人工智能典型应用场景，深入推进国家人工智能创新应用先导区发展，以场景建设带动人工智能技术和产品落地应用，促进智能技术赋能实体经济并加速产业升级。

1. 工业领域的应用

目前智能制造行业兴起，工业企业纷纷开始探索智能化转型的路径，基于大数据分析的工业智能蕴藏着巨大商业价值。例如，使用人工智能技术，可以通过工艺控制与设备知识模型实现工艺参数优化、协同生产流程优化；通过图像检测算法辅助工人对缺陷进行定位和分类，有效控制质量异常，减少人力成本；通过对关键的设备运行参数进行建模，判断机器的运行状态，预测维护时间。

2. 商业领域的应用

伴随着电子商务的兴起，智能商业已经变成一个数据驱动的行业。例如，根据搜索引擎衍生的人工智能推荐系统，更好地"理解"每一位客户个性化、精细化的需求，在各类网上商城发挥重要作用。人工智能技术还可以通过对客户满意程度及客户流失情况进行分析，改进商品质量和服务，给人们带来更好的购物体验。

3. 医学领域的应用

近年来，人工智能技术在医学影像领域的发展与应用备受关注。在众多医疗健康领域中，医学影像的图像数据量大且采用全球标准统一的DICOM存储格式，有望成为人工智能最先实现突破的领域之一。目前，人工智能在医学影像领域的临床应用主要在影像诊断环节，多集中于病变检出、识别，以及良恶性判断等。一方面，利用人工智能的感知与认知性能对医影像进行识别，挖掘其重要信息，为经验不足的影像科医生提供帮助，从而提高阅片效率；另一方面，通过机器学习对大量影像数据和临床信息进行整合并训练人工智能系统，使其具备诊断疾病的能力，有利于降低影像科医生漏诊率。

另一个值得一提的医学领域是药物研发，很多未来的科技创造都会引入人工智能元素，而药物研发这个需要尝试大量的化学成分组合和试错的领域，就特别适合利用人工智能算法来完成。事实上，这样的公司已经初露头角，药物设计公司Atomwise可以在新药没有进入大量临床试验之前用神经网络预测新药疗效，并且利用具有创造性的网络等直接生成新药配方，大大提升药物研发效率。

4. 教育领域的应用

2017年7月，国务院印发的《新一代人工智能发展规划》提出，运用智能技术从人才培养、教学方法和学习方式等多方面构筑新型教育体系。2018年4月，教育部印发的《教育信息化2.0行动计划》指出，智能环境已给教育理念、文化和生态都带来了深刻影响与变革。同年8月，教育部办公厅发布的《关于开展人工智能助推教师队伍建设行动试点工作的通知》强调，教师要主动适应并积极应用人工智能等新兴技术有效开展教育教学。运用人工智能技术，逐步推动了传统教学改革创新，促进了教育过程不断优化，主要体现在人工智能肽推教育管理研究、教师专业发展研究、学生学习研究、教育评价研究等方面。目前，人工智能在教育管理体系中的应用还处于初级阶段，仍存在功能集成度弱、社会参与度低、运行机制有待探索等不足。

5. 智慧农业的应用

传统农业为区别农产品质量优劣，采用人工方法进行筛选，准确性因人而异且效率低下，人力成本很高。通过人工智能的机器视觉检测，用机器代替人眼进行品控处理这一烦琐的任务。对于经济类农作物，比如西瓜，可以通过外观、颜色和质地等属性对其质量进行分类，让智能机器人完成这一工作，能够很大程度上减轻人工劳动强度，促进工作效率。

在农作物病虫害防治方面，通过图像采集，对农作物病虫害提供预警服务；通过智能除虫和智能除草机，实现对农作物实时保护，促进绿色农业发展。在农作物收割方面，智能机器人能够在高温或严寒等恶劣天气环境下高效率完成农作物收割，自动记录农产品收割数据并科学分类，为农业智能化提供有力的技术支撑。

任务要求1：通过"眼睛"寻找和发现，使用手机记录。

我们要有一双发现人工智能的"眼睛"，如马路的"交通信号灯"、小区的"自动升降杆"、小度小度、小爱同学、菜店的"自动识别秤"、结账时的"人脸识别"。可以用手机和DV进行拍摄，记录下生活中的人工智能。

任务要求2：通过"网络检索"得到，并整理使用。

通过前面模块中的网络检索方法，收集大量的图片、视频、文本、声音等媒体信息，从而得到人工智能技术在各个领域的应用案例，并进行汇总整理。

项目 3

物联网技术

物联网对我们而言，早已不再陌生，它早就走入了我们的生活，身边的许多应用已经使用了物联网技术。例如，公交卡、门禁卡、停车场出入卡、电子条码、感应式电子晶片等，这些应用就是物联网射频识别技术。内置的射频识别芯片具有感应装置，使用时，只要将卡片置于能感应的范围内，"滴"的一声，就能完成身份识别，非常方便、快捷。物联网技术的广泛应用将为工业自动化领域带来革命性的变革，从而推动工业生产进入智能化和数字化时代。

项目情境

物联网技术基于互联网和传感器技术，通过将物理世界与数字世界紧密连接，实现了设备、系统和数据的无缝协同工作。滨小职最近更换了一套住房，加装公司为他推荐了全屋智能家居系统，让他体验到了控制和设置家庭所有的智能设备，在一个平台上就可以轻松实现联动，感叹物物相连带来的生活、生态的惊人改变。

项目分析

（1）物联网的定义是什么？
（2）物联网都有哪些技术？
（3）物联网技术在哪些场景下应用？

项目目标

本项目的目标是结合所学物联网技术的知识，了解物联网技术，寻找生活中物联网技术的典型应用场景，使用手机把它们记录下来，或者通过网络检索进行信息的收集整理。

项目实施

任务1 了解物联网技术

1. 物联网的定义和发展

物联网是利用局域网或互联网等通信技术把传感器、控制器、机器、人和物等通过新的方式联在一起，实现信息化、远程管理控制和智能化的网络。物联网能够实现所有物体通过射频识别等信息传感设备在任何时间、任何地点，与任何物体之间的连接，达到智能化识别和管理。因此，物联网工程专业是计算机控制、通信等学科交叉的跨学科专业。

1999年，MIT（美国麻省理工学院）Auto-ID中心的Kevin Ashton和他的同事首次提出Internet of things（物联网）的概念。他们主张将RFID射频识别技术和互联网结合起来，通过互联网实现产品信息在全球范围内的识别和管理，形成物联网。这是物联网发展初期提出的概念，强调物联网用来标识物品的特征。

2005年，ITU在The Internet of Things报告中对物联网的概念进行扩展，提出任何时刻、任何地点、任何物体之间的互连，无所不在的网络和无所不在的计算的发展愿景，除RFID技术外，传感器技术、纳米技术、智能终端技术等将得到更加广泛的应用。

2010年3月5日，温家宝总理在政府工作报告中提出，物联网是指通过信息传感设备，按照约定的协议，把任何物品与互联网连接起来，进行信息交换和通信，以实现智能化识别、定位、跟踪、监控和管理的一种网络。

2. 物联网技术

物联网一般为三层体系架构（图6-10），从下到上依次是感知层、网络层和应用层，这也体现出了物联网的三个基本特征，即全面感知、可靠传输和智能处理。

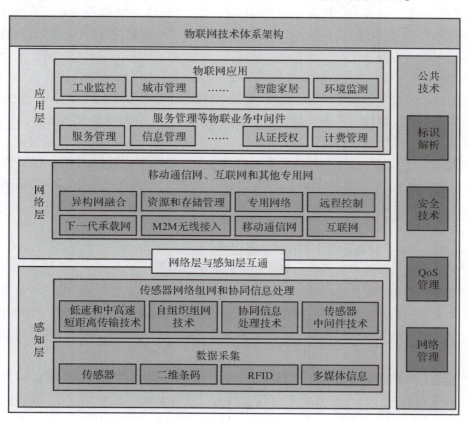

图6-10　物联网三层体系架构

物联网技术主要包括：

1）感知层——无线射频识别技术、传感技术、激光扫描技术和定位技术等

无线射频识别技术（RFID）是一种非接触式的自动识别技术，类似于"眼睛"。它通过射频信号自动识别目标对象并获取相关数据，识别工作无须人工干预，可工作于各种恶劣环境。RFID技术可识别高速运动物体并可同时识别多个标签，操作快捷、方便。短距离射频产品不怕油渍、灰尘污染等恶劣的环境，可在这样的环境中替代条码，例如用在工厂的流水线上跟踪物体；长距离射频产品多用于交通上，识别距离可达几十米，如自动收费或识别车辆身份等。

传感技术同计算机技术、通信一起，被称为信息技术的三大支柱。传感技术就是传感器技术，可以感知周围环境或者特殊物质，比如气体感知、光线感知、温湿度感知、人体感知等，把模拟信号转化成数字信号，给中央处理器处理。最终结果是形成气体浓度参数、光线强度参数、范围内是否有人探测、温湿度数据等，并显示出来。传感技术是一门多学科交叉的现代科学与工程技术，它涉及传感器（又称换能器）、信息处理和识别的规划设计、开发、制/建造、测试、应用及评价改进等活动。

激光扫描器是一种光学距离传感器，用于危险区域的灵活防护，通过出入控制实现访问保护等。它的扫描方式有单线扫描、光栅式扫描和全角度扫描三种。例如，激光手持式扫描器属单线扫描，其景深较大，扫描首读率和精度较高，扫描宽度不受设备开口宽度限制；卧式激光扫描器为全角扫描器，其操作方便，操作者可双手对物品进行操作，只要条码符号面向扫描器，不管其方向如何，均能实现自动扫描，超级市场大都采用这种设备。

早在15世纪，当人类开始探索海洋的时候，定位技术也随之催生。随着社会的进步和科技的发展，定位技术在技术手段、定位精度、可用性等方面均取得质的飞越，并且逐步从航海、航天、航空、测绘、军事、自然灾害预防等"高大上"的领域渗透社会生活的方方面面，成为人们日常中不可或缺的重要应用，比如人员搜寻、位置查找、交通管理、车辆导航与路线规划等。目前，全球卫星定位系统主要有美国全球定位系（GPS）、俄罗斯"格洛纳斯"（GLONASS）、欧洲"伽利略"（GALILEO）系统、中国"北斗"卫星导航系统，其中，GPS系统是现阶段应用最为广泛、技术最为成熟的卫星定位技术，在物联网工程中应用广泛。

2）网络层——有线通信技术和无线通信技术

有线通信是利用金属导线、光纤等有形介质来传送信息。有线通信具有引导传输介质的特点，它需要一个特定的传输介质，通常使用电线或光缆作为通信介质，为远程有线通信提供一个纵横交错的信息通道。有线通信具有通信范围大、距离远、可靠性高、保密性强、不易受电磁干扰的特点，但建设费用大。常见的有线通信介质有光纤、同轴电缆、电话线、网线等。

无线通信是利用电磁波信号可以在自由空间中传播的特性进行信息交换的一种通信方式。目前，典型的无线通信技术有卫星通信技术、蓝牙技术、"蜂窝式"无线通信技术、WiFi技术、5G技术等。随着大数据、云计算、移动互联网、物联网的应用和发展，各种高新技术涌现，对通信网络提出了更高的要求，绿色、高效、大容量、融合、智能化和信息安

全性是网络发展的必然选择。

3）应用层——服务管理与应用

应用层是物联网与行业专业技术的深度融合，与行业需求结合，实现广泛智能化。应用层可以分为服务管理和应用两部分。服务管理的主要功能是通过大型的中心计算平台（如高性能并行计算平台等），对网络内获取的海量信息进行实时的管理和控制，并为上层应用提供一个良好的用户接口。应用的主要功能是集成系统底层的功能，构建起面向各类行业的实际应用，如生态环境与自然灾害监测、智能交通、智能家居、智能农业、文物保护与文化传播、远程医疗与健康监护等。

任务2　寻找生活中的物联网技术

知识储备：物联网技术的典型应用

物联网的主要特点包括广泛互联性和高度智能性。物联网中物体的概念延伸和扩展到了任何物品与物品、物品与人之间，万物互联。虽然物联网的核心和基础仍然是互联网，是在互联网基础上的延伸和扩展的网络，但是，物联网本质上与互联网有很大不同，互联网是机器与机器的连接，实现一个虚拟的世界，而物联网则是真实事物与真实事物的连接，将物与物按照特定的组网方式进行连接，并且实现信息的双向有效传递。物联网将硬件、传感器、摄像头、虚拟机和网关等多种技术相结合，允许它们相互协调与交互，从而实现实时的信息采集与交互，从而提高系统的智能化程度。具体体现在全面感知、可靠传送、智能处理与决策等方面。

全球物联网应用的主要情况是：美、欧、日、韩等少数国家起步较早，总体实力较强，中国物联网应用发展迅速。当前多为垂直领域物联网应用，应用水平总体不高，规模化应用较少。全球物联网应用有三大热点区域：欧洲、美国和亚太地区，美国的"智慧地球"计划、欧盟的"物联网－欧洲行动"计划、日本的"U-Japan"计划和韩国的"U-Korea"计划等物联网产业发展计划正在紧锣密鼓地进行着。

我国政府也高度重视物联网应用发展，相继开展多个领域示范应用工程，初步形成了示范应用牵引产业发展的态势。2011年，国家发改委联合相关部委，推进10个首批物联网示范工程，2012年又批复国家物联网基础标准工作组在智能电网、海铁联运等7个领域开展国家物联网重大应用示范工程。2012年，工业和信息化部《物联网"十二五"发展规划》指出要在工业、农业、物流、家居等9个重点领域开展应用示范工程。住房和城乡建设部下发《关于开展国家智慧城市试点工作的通知》，计划"十二五"期间，国家开发银行投资800亿元扶持全国智慧城市建设，总投资规模将达到5 000亿元。地方政府也根据当地产业状况制定了具体的物联网应用发展计划。我国初步形成环渤海、长三角、珠三角及中西部地区等四大区域集聚发展的总体产业空间格局，重点区域物联网产业集群初具规模。

同时，我国物联网政策体系正在逐步完善。我国政府高度重视物联网产业发展。2009年以来，中央和地方政府通过发布发展规划、政府报告、指导意见和行动计划等形式密集出台物联网相关政策，涵盖了技术研发、应用推广、标准制定、产业发展各个方面。我国物联网市场蕴藏着巨大的商机，物联网主要的投资机会集中在终端设备、网络运营、系统集成、应用服务提供等领域。

2021年，工业和信息化部联合中央网络安全和信息化委员会办公室、科学技术部、生态环境部、住房和城乡建设部、农业农村部、国家卫生健康委员会、国家能源局印发《物联网新型基础设施建设三年行动计划（2021—2023年）》（以下简称《行动计划》）。《行动计划》提出，到2023年年底，在国内主要城市初步建成物联网新型基础设施，社会现代化治理、产业数字化转型和民生消费升级的基础更加稳固。具体发展目标体现为"五个一"，突破一批制约物联网发展的关键共性技术，培育一批示范带动作用强的物联网建设主体和运营主体，催生一批可复制、可推广、可持续的运营服务模式，导出一批赋能作用显著、综合效益优良的行业应用，构建一套健全完善的物联网标准和安全保障体系。此外，《行动计划》对物联网龙头企业培育数量、物联网连接数以及标准制/修订数量提出了量化指标。

任务要求1：通过"眼睛"寻找和发现，使用手机记录。

我们要有一双发现物联网的"眼睛"，例如智能家居、智能安防、门禁系统、无人超市、无人售卖机、共享单车，可以用手机和DV进行拍摄，记录下生活中的物联网。

任务要求2：通过"网络检索"得到，并整理使用。

通过前面模块中的网络检索方法，收集大量的图片、视频、文本、声音等媒体信息，从而得到物联网技术在各个领域的应用案例，并进行汇总整理。例如智能家居系统，包括全屋网络、家居中枢、智能音箱、智能安防、智能照明、智能窗帘、影音系统、传感系统、厨卫清洁、各种家电设备的智能方案等部分，这些部分相互协作，实现理解你的生活，听懂你说的话，看懂你的行为，融入你的生活。

项目 4

大数据技术

随着互联网逐渐过渡到物联网,包括人在内,智能终端、传感器等设备也相继成为网络互联的主体。大量数据正通过无处不在的物联网被采集、汇总和辨析,数据的爆发式增长产生了大数据。

项目情境

大数据技术已经逐渐渗透到各个领域,成为推动行业进步的重要力量。滨小职最近上课不太认真,连续旷课 3 节、作业未交 2 次,课上随堂测试成绩下滑严重,学习通的统计数据很难看。辅导员准确地关注到了滨小职的学习状况,主动了解滨小职是因为家庭原因影响了学习,为滨小职制订了补习计划,提供了更加个性化的教学服务和课后辅导,及时帮助了滨小职。

项目分析

(1) 大数据的定义是什么?
(2) 大数据都有哪些技术?
(3) 大数据技术在哪些场景下应用?

项目目标

本项目的目标是结合所学大数据的知识,了解大数据技术,寻找生活中大数据技术的典型应用场景,使用手机把它们记录下来,或者通过网络检索进行信息的收集整理。

项目实施

任务 1 了解大数据技术

1. 大数据的定义和发展

大数据又称巨量数据,指的是海量、高增长率和多样化的信息资产。大数据革命正在对世界产生巨大的系统性影响和深远意义。早在 2012 年美国就发布了《大数据研究和发展计划》，并成立了"大数据高级指导小组"。欧盟也正在力推《数据价值链战略计划》，英国发布了《英国数据能力发展战略规划》，日本的《创建最尖端IT国家宣言》和韩国的"大数据中心战略"也陆续出台。我国在2016年发布了"互联网+"行动计划，推进信息化与工业化深度融合，开放、共享和智能的大数据时代已经来临。

2. 大数据技术

1）数据采集与汇聚

数据的采集与汇聚是通过不同的数据获取协议，从不同的数据源中获得数据，并将这些数据以某一种形式进行集成和连接。实际上，在这个过程中会遇到很多困难和亟待解决的问题，数据交换协议的缺失、数据源的多源异构、商务支撑的薄弱，使跨时空的数据无法进行有效特征提取、语义理解和融合。

2）数据存储与管理

源自复杂数据源的海量数据以及进行各种预处理后的数据，传统的关系型数据库已经不能满足这些非结构化的数据格式了。非关系数据库等新兴的数据存储技术应运而生，如基于Hadoop平台的HBase、Cassandra、MongoDB、Neo4J和Riak等。在实际应用过程中，数据存储方案的选型往往需要综合考虑源自数据层、应用层、实际应用场景及部署实施的条件约束等多种因素。

3）数据处理与分析

数据处理与分析是通过对数据进行有效处理和分析，达到为应用目标服务的目的。一种方法是在领域知识已经丰富、完备的前提下，以逻辑为基础，利用领域知识对数据进行加工处理，然后直接为应用服务。另一种方法是以机器学习与数据挖掘为基础，通过对历史数据进行建模来获得知识，然后利用此知识对数据进行加工处理，再为应用服务。另外，还可以将上述两种方法有效地结合在一起，从而达到双边互补，实现更好地为应用服务。

大数据的复杂性及规模性给大数据分析带来的挑战，必须依赖合适的高性能计算架构，才能更快地响应数据的海量、并行及快速更新的特性。可以通过引入分布式计算架构来提升计算性能，目前主流的分布式计算架构有Hadoop、Spark、Stom等，实现高性能计算。

云计算的发展和推进为大数据应用的部署和运维提供了事实的基础设施保障。云计算作为计算资源的底层，支撑着上层的大数据应用（采集、存储、分析、运维），并将大数据的应用能力以云服务的方式提供给目标用户。

任务2　寻找生活中的大数据技术

知识储备： 大数据技术的典型应用

与传统数据的产生方式相比，大数据具有三个特征：一是数据量大，二是非结构性，三是实时性。数据量巨大是大数据最明显的特征。大数据时代，每个人都会成为数据的提供者，无时无刻不在生成数据。单击网页、使用手机、刷卡消费、观看电视、出行乘车、驾驶汽车等各种属性及行为都会生成数据并被记录下来，人们的性别、职业、喜好、消费能力等信息都可以被商家挖掘出来，从而提供商机。大数据既包含结构化数据，也包含非结构化数据，而一般传统数据都是结构化的数据，更容易被理解。大数据时代，会产生大量非结构化数据，它们的收集、存储及使用是非常复杂的，人们需要通过特定的大数据技术从大量非结构化数据中提取有用的信息。数据是永远在线的，可以随时调用和计算的，这是大数据相较于传统数据最大的不同。在互联网高速发展的背景下，大数据不仅数量巨大，实时性、动态性也是大数据的重要特征。

众所周知，数据是国家基础战略性资源和重要的生产要素。大数据已成为国家层面的重要战略资源。一个国家拥有的数据规模、活性、运用能力将成为综合国力的重要组成部分，布局大数据发展关乎国家安全和国家发展。我国 2015 年出台的《促进大数据发展行动纲要》，标志着我国已经进入大数据全面、高速发展的阶段。大数据技术发展对建设数字中国、发展数字经济具有重要意义。

数据网络技术是业内领先的自主可控大数据技术，能够有效解决"网络互联互通"和"数据异构融合"过程中的问题，是中国在网信领域的重要突破之一，是业内领先的核心技术，曾获得国内多个机构的高度认可，已成为中央部委、金融机构、北斗、电网等众多国家关键信息基础设施领域的重要支撑。

1）大数据技术为新一代信息技术产业提供核心支撑

随着云计算、物联网、人工智能的兴起和发展，互联网以及移动网络的飞速发展使网络基础设施无处不在，海量数据以史无前例的速度每时每刻都在产生。大数据是信息技术和社会发展的产物，而大数据问题的解决又会促进云计算、物联网等新兴信息技术的发展和应用，大数据正成为未来新一代信息技术融合应用的核心，为各项信息技术相关的应用提供坚实的基础。

2）大数据技术成为社会发展和经济增长的高速引擎

大数据蕴含着巨大的社会、经济和商业价值。大数据市场的井喷会催生一大批面向大数据市场的新模式、新技术、新产品和新服务，进而促进信息产业的加速增长。大数据在"智慧城市"建设中至关重要，从数据的采集到数据的分析挖掘，以及形成智能决策的每个环节，都离不开大数据的支撑。智慧城市将有力地促进政务及社会化管理水平的提升，改进民生，发展生产，进而形成一系列有地方特色的、有清晰运营模式的新一代智能行业应用。

当下，企业的决策正从"应用驱动"过渡到"数据驱动"，能够有效地利用大数据并将其转化为生产力的企业，将具备核心竞争力，成为行业领导者。同时，大数据已经深入与人们生活息息相关的各个领域，在休闲娱乐、教育、旅游、健康等各个领域，都能见到大数据的应用。

3）大数据技术成为科技创新的新动力

传统行业的信息化建设思路和技术的落后，导致了大量的数据"孤岛"和信息"孤岛"。如何以新的数据技术整合数据、存储数据、处理数据、应用数据，解决业务系统实时性问题、并发性问题、海量数据存储计算问题、数据价值挖掘及应用问题是传统行业迫切的需求。因此，大数据应用的要务就是要打穿数据"孤岛"，形成从数据到知识、从知识到智能的能力，从而支撑新技术和新业态的跨界融合与创新服务。

可以预见，在政府、电力、金融、石油、交通、社保、公安、医疗等数据高度集中的行业中，大数据将成为各企业、部门、机构提高核心竞争力、抢占市场先机的关键，成为企业从"业务驱动"向"数据驱动"转变的重要推力，为企业带来自主技术研究与产品研发的新契机。

> **任务要求1**：通过"眼睛"寻找和发现，使用手机记录。

我们要有一双发现大数据的"眼睛"，如公交车的实时检索跟踪和发车预测，运动员的训练状况统计和名次预测等，都可以用手机和DV进行拍摄，记录下生活中的大数据。

> **任务要求2**：通过"网络检索"得到，并整理使用。

通过前面模块中的网络检索方法，收集大量的图片、视频、文本、声音等媒体信息，从而得到大数据技术在各个领域的应用案例，并进行汇总整理。例如，通过分析医疗记录和健康数据，医生可以更加准确地诊断和治疗疾病，同时也可以预测患者的健康状况。通过分析用户的购买历史和浏览记录，电子商务平台可以向用户推荐更加个性化的产品和服务。

小　　结

在浩瀚的历史长河中，信息技术既是推动人类文明进步的动力，更是人类文明进步的标志。本模块介绍了信息技术的基本概念和发展史，以及计算机的发展历程，对中、外计算机的发展概况进行了对比分析，同时还介绍了人工智能、物联网、大数据等新一代信息技术的发展现状。我国新一代信息技术产业持续向"数字产业化、产业数字化"的方向发展，推动智慧城市、智慧医疗、智慧安防、智慧教育、智慧交通、智慧能源等智慧应用的深度融合；推动实现产业发展的智能化、网络化和全球化，构建一流的技术创新体系；推进与新材料、新能源、智能制造、生物医药等产业融合发展，打造新一代信息技术产业发展新引擎。

课后习题

一、单项选择题

1. 世界上第一台计算机产生于1946年，它的名字叫（　　）。
   A. EDVAC　　　　　B. ENIAC　　　　　C. EDSAC　　　　　D. UNIAVC

2. 信息技术的发展经历（　　）次革命。
   A. 2　　　　　　　B. 3　　　　　　　C. 3　　　　　　　D. 5

3. 我国新一代信息技术发展呈现的趋势是（　　）。
   A. 产业规模迈上新台阶　　　　　　　B. 创新能力取得新发展
   C. 产业结构实现新突破　　　　　　　D. 融合应用探索新空间

4. 关于信息的说法，错误的是（　　）。
   A. 信息必须通过载体传输　　　　　　B. 载体本身就是信息
   C. 信息是可以共享的　　　　　　　　D. 信息有多种传输形式

5. 关于信息的说法，正确的是（　　）。
   A. 过时的信息不属于信息　　　　　　B. 信息可以脱离载体存在
   C. 信息是可以处理的　　　　　　　　D. 信息都不能保存

6. （　　）针对下一代信息浪潮提出了"智慧地球"战略。
   A. IBM　　　　　B. NEC　　　　　C. NASA　　　　　D. EDTD

7. 推动（　　）全面发展，打造支持固移融合、宽窄结合的物联接入能力。
   A. 人工智能　　　B. 大数据　　　C. 云计算　　　　D. 物联网

8. 鼓励企业开放搜索、电商、社交等数据，发展第三方（　　）服务产业。
   A. 人工智能　　　B. 大数据　　　C. 云计算　　　　D. 物联网

9. 加强网络安全关键技术研发，加快（　　）安全技术创新，提升网络安全产业综合竞争力。
   A. 人工智能　　　B. 大数据　　　C. 云计算　　　　D. 物联网

10. 迎接（　　）时代，激活数据要素潜能，推进网络强国建设，加快建设数字经济、数字社会、数字政府，以数字化转型整体驱动生产方式、生活方式和治理方式变革。
    A. 信息　　　　　B. 数字　　　　C. 数据　　　　　D. 智慧

11. 大数据的起源是（　　）。
    A. 金融　　　　　B. 电信　　　　C. 互联网　　　　D. 公共管理

12. （　　）反映数据的精细化程度，越精细化的数据，价值越高。
    A. 规模　　　　　B. 活性　　　　C. 关联度　　　　D. 颗粒度

13. 射频识别技术属于物联网产业链的（　　）环节。
    A. 标识　　　　　B. 感知　　　　C. 处理　　　　　D. 信息传送

14. 1995 年，（　　）首次提出物联网概念。
    A. 沃伦·巴菲特　　　　　　　　　　B. 乔布斯
    C. 保罗·艾伦　　　　　　　　　　　D. 比尔·盖茨

15. "人工智能"一词最初是在（　　）年 Dartmouth 学会上提出的。
    A. 1956　　　　　B. 1982　　　　C. 1985　　　　　D. 1986

16. 人工智能的英文简写为（　　）。
    A. IP　　　　　　B. PC　　　　　C. AI　　　　　　D. IT

17. 《中国制造 2025》计划提出的"互联网＋工业"的主题是（　　）。
    A. 智能制造　　　　　　　　　　　　B. 智能工业
    C. 智能产品　　　　　　　　　　　　D. 工业制造

18. 物联网是"物物相连的互联网"，简称（　　）。
    A. InT　　　　　B. YIo　　　　　C. IoT　　　　　　D. NIT

19. 人工智能技术总体来说可分为两层，即基础支撑层和（　　）。
    A. 技术层　　　　B. 物理层　　　C. 网络层　　　　D. 应用层

20. 我国政府发布的《国务院关于积极推进"互联网＋"行动的指导意见》中指出："互联网＋"是把互联网的创新成果与（　　）深度融合，形成更广泛的以互联网为基础设施和创新要素的经济社会发展新形态。

  A. 社会经济   B. 现代工业

  C. 现代农业   D. 经济社会各领域

21. 对抗神经网络可以通过两个神经网络的（　　），以达到更好的学习效果。

  A. 复制   B. 关联   C. 比较   D. 博弈

22. 2017 年，卡内基梅隆大学开发的一个人工智能程序在（　　）大赛上战胜了 4 位人类玩家，这在人工智能发展史上具有里程碑式的意义。

  A. 五子棋   B. 国际象棋

  C. 德州扑克   D. 围棋

23. 50 年前，人工智能之父们说服了每一个人，（　　）是智能的钥匙。

  A. 算法   B. 逻辑   C. 经验   D. 学习

24. （　　）宣布启动了"先进制造伙伴计划""人类连接组计划""创新神经技术脑研究计划"。

  A. 中国   B. 美国   C. 日本   D. 德国

25. （　　）是一种基于树结构进行决策的算法。

  A. 轨迹跟踪   B. 数据挖掘

  C. K 近邻算法   D. 决策树

模块七

信息素养与社会责任

项目 1

信息素养和信创产业

项目情境

滨小职应辅导员老师的要求,制作一张涵盖人工智能学院不同专业班级班委(班长、团支书、文体委员、学习委员等)的信息统计表。滨小职按照常规办法利用 WPS Office 一站式服务平台中的表格组件制作了表单的框架结构后,将表格下发给人工智能学院 3 个年级 5 个专业 35 个班级的班长,要求他们将各自班级班委的信息完善后将表单返回。滨小职刚刚回收了一半班级的表单就被重复的"复制"和"粘贴"操作搞得晕头转向,甚至出现了数据错误的现象,让滨小职同学头痛不已。我们应该如何来帮助他呢?

项目分析

(1) 了解信息素养的基本概念及主要要素。
(2) 了解金山办公与信创产业。
(3) 学会使用在线协作表单,提升个人信息素养。

项目目标

本项目重在理解信息素养的概念,了解信息素养的内涵,借助在线协作表单,提升团队协作能力。同时,本项目还介绍了国产办公素养提升软件 WPS 的金山公司以及我国信创产业的发展。

项目实施

任务 1 提升信息素养,并利用在线协作表单提升团队信息处理能力

知识储备:信息素养的基本概念及养成方法

信息素养是由美国人保罗·泽考斯基于 1974 年提出,其本质是指在全球信息化大背景下,人们掌握信息以及与信息相关的知识以适应信息社会的能力。信息素养对于个人在各行各业的发展起着至关重要的作用。伴随着我国经济社会的高速发展,信息技术已经成为先进生产力的代表,信息技术相关产业已经成为我国创新经济发展的重要战略产业,尤其以

"信创"为代表的自主产权的信息技术,已经慢慢取代国外信息技术的相关产品。

1. 信息素养的能力和意识要求

信息获取能力:能够有效地获取各种信息,包括文献、数据库、网络等,了解信息的来源、形式、结构、性质和内容。

信息分析能力:能够对所获得的信息进行理解、分类、评价、筛选、比较和推理,从而获取有用的知识。

信息评价能力:能够判断所获得信息的价值、可信度和适用性,以及对信息的来源和发布者进行评估。

信息组织能力:能够对所获得的信息进行分类、归纳、整理、存储和检索,以便于后续使用和管理。

信息传播能力:能够有效地将所获得的信息传递给他人,包括口头和书面表达,利用各种传播渠道和工具。

信息安全意识:了解和遵守有关信息安全和知识产权的法律法规与道德规范,保护个人和组织的信息资源安全。

学术诚信意识:具有正确的学术道德和职业操守,遵循学术规范和规则,不从事抄袭、剽窃等不道德行为。

2. 计算思维的养成

计算思维是指个体运用计算机科学领域的思想方法,在形成问题解决方案的过程中产生的一系列思维活动。在解决问题时,要学会合理地建立模型结构,组织数据,运用有效的算法和策略,形成解决方案,如抽象特征、方式界定等。总的来说,就是先利用信息技术解决问题,形成一种模式,然后迁移到其他问题的解决上。

3. 数字化学习与创新能力

数字化学习与创新是指个体通过评估并选用常见的数字化资源与工具,开创性地解决问题,形成数字化创新能力。系统地掌握一系列数字化工具,合理利用数字资源和学习资料,开展协同学习,分享学习,有助于终身学习能力的提高。除了提升个人的信息素养以外,更要注重提高团队协作能力,提升团队整体信息素养。

任务要求1:利用在线协作表单提升团队信息素养,新建协作表单。

步骤1:实现表单在线共享协作,首先需要设计一个表单的框架结构。按照本任务的要求,滨小职已经设计好了关于人工智能学院班级委员信息表单的基础结构,如图7-1所示。

步骤2:选择工具栏右上角的"协作"→"使用金山文档在线编辑",如图7-2所示。

步骤3:在出现的小窗口中选择"去打开"(如果没有安装金山文档,可以选择"留在WPS"),如图7-3所示。

任务要求2:把在线协作表单进行分享,实现同步编辑。

步骤1:选择窗口右上角的"分享",在出现的小窗口中,能够看到"权限"的设置以及分享表单的方式(链接、微信、QQ、二维码等),如图7-4所示。

模块七　信息素养与社会责任

图 7-1　表单基础结构

图 7-2　在线协作功能

图 7-3　多人编辑模式

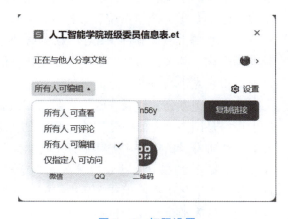

图 7-4　权限设置

步骤 2：以"复制链接"为例，只需要选择"复制链接"，如图 7-5 所示，接下来通过微信、QQ 等方式将此链接转发给各个班级的班委，那么所有收到链接的班委都可以在同一张表单中输入自己的信息资料。滨小职同学只需要规定截止时间，就可以等待表单中满满的成果了。

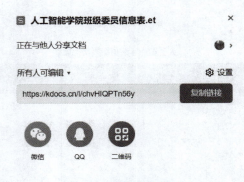

图 7-5 选择分享模式

任务 2 认识金山办公与信创产业

信创产业是我国信息技术、信息安全等领域国产化替代的战略产业。对于信创产业的发展，我国制定了"2+8+N"规划，将按照 2、8、N 这个顺序逐步实现自主可控。"2"是指党、政，"8"是指金融、电力、电信、石油、交通、教育、医疗、航空航天，"N"是指其他行业。权威数据显示，我国信创产业规模在 2020 年突破万亿元，2021 年信创产业规模达 13 758.8 亿元，预计未来将保持高速增长态势，2025 年将达 27 961.6 亿元。在政府、企业等多方面共同努力下，中国信创产业规模将不断扩大，市场释放出前所未有的活力。2022 年是行业信创的元年，从 2023 年开始，金融、运营商、电力等八大关键行业的国产化有望加速。信创产业发展至今，呈现出其内涵逐渐丰富，生态愈加成熟的特点：首先，信创内涵不再局限于 CPU、操作系统、数据库、中间件、办公软件等基础软硬件的国产化，也包括 EDA、CAD 等工具性软件，ERP、OA、MES、PLC 等通用应用软件及各个垂直行业应用软件的国产化。其次，随着产业生态的成熟，信创发展越来越市场化，有核心技术实力的公司才能取得领先市场份额。

北京金山办公软件服务股份有限公司（简称"金山办公"）于 2019 年在上海证券交易所上市，是国内领先的办公软件和服务提供商，主要从事 WPS Office 办公软件相关产品及服务的设计研发及销售推广。其服务用户涵盖党政机关、金融、能源、航空、医疗、教育等重要领域。截至 2022 年，金山办公为来自全球 220 多个国家和地区提供办公服务，每个月全球有超过 3.1 亿用户使用其产品进行创作。金山办公的服务能力、服务范围、服务深度在业内均处于领先地位，在全国建立了五大研发中心、十二大服务中心，授权认证上百家服务商。金山办公主要产品包括 WPS Office 办公软件、金山文档等办公能力产品矩阵以及金山数字办公平台解决方案，均由公司自主研发而形成。其中，WPS Office 办公软件及金山文档等产品可在 Windows、Linux、macOS、Android、iOS、HarmonyOS 等众多主流操作平台上应用，主要服务包括基于公司产品为客户提供涉及日常办公和文档相关的增值功能、互联网广告推广等服务。

我国信创产业进入发力期，在政策依托下，市场空间显著扩大，金山办公借此积累了大量的经验,加速了公司信创产品的渗透。据公司年报披露,截至2021年年底,金山办公已累计和300余家国内办公生态伙伴完成产品适配,与龙芯、飞腾、鲲鹏、统信、麒麟、长城等基础厂商紧密合作,产品适配涵盖协同办公、输入法、邮件、语音识别等多个领域,形成完整的解决方案。另外,行业信创渗透率不断加大,以金融信创为代表的关键领域开启了多项试点推进信创产业发展。根据公司年报显示,金山办公积极参与金融行业信创的各项试点,取得了一行两会、交易所、银行、券商等客户的一致认可。此外,随着国内信息安全意识的提升,软件安全化已经成为行业发展趋势。其自主研发的 WPS Office Linux 版已经全面支持国产整机平台和国产操作系统,已在国家多项重大示范工程项目中完成系统适配和应用推广。

项目 2

信息安全和病毒防范

项目情境

在模块三的项目中，制作了"WPS Office 技能挑战赛通知书"，现在滨小职要将挑战通知书下发到其他学院，为了避免挑战通知书内容、格式被篡改，确保在不同电脑设备中显示效果一致，滨小职需要将制作的文字版技能挑战通知书转换成 PDF 版。具体应该如何操作呢？

项目分析

（1）了解互联网与 TCP/IP 协议。
（2）了解信息安全。
（3）了解计算机病毒及防范方法。
（4）学会使用 PDF 文件防止信息被篡改。

项目目标

本项目重在理解信息安全的定义和内涵，并借助转换文件格式来防止信息被随意篡改。同时，本项目还介绍了计算机安全方面最大的隐患——计算机病毒的类型和危害，并给出简单的病毒防范办法。

项目实施

任务 1　互联网与信息安全，利用 PDF 格式防止文件被篡改

知识储备：

1. 互联网和 TCP/IP 协议

互联网（Internet）是目前地球上最庞大的网络体系，其实现了不同地区、国家之间的信息共享。互联网是由大量的不同逻辑和规模的网络，通过一组通用的协议相互连接而成。互联网诞生于 1969 年，我国的互联网起步于 1994 年，迄今经历了 30 年的时间，给人们的生活、工作带来了翻天覆地的改变。伴随着中国现代化信息技术的飞速发展，中国已经从互

联网大国变成了互联网强国，党的二十大报告中更是强调"推进国家安全体系和能力现代化，坚决维护国家安全和社会稳定"。网络安全作为网络强国、数字中国的底座，网络空间已经成为继陆、海、空、天之后的第五大主权领域空间。习近平总书记指示"没有网络安全就没有国家安全，没有信息化就没有现代化"。

网络通信所遵循的规则称为"协议"。互联网所采用的协议是TCP/IP（Transmission Control Protocol/Internet Protocol），该协议模型由四层组成：网络接口层、网际层、传输层、应用层。其中，以网际层（IP）和传输层（TCP）为两个核心协议，因此，该协议就以这两个协议的名称命名。TCP/IP模型如图7-6所示。

2. 信息安全

随着计算机技术和网络技术的飞速发展，信息安全越来越受到广泛的关注。信息安全的定义：为数据处理系统建立和采用的技术、管理上的安全保护，目的是保护计算机硬件、软件、数据不因偶然或恶意的原因而遭到破坏、更改和泄露。对计算机和信息安全

图7-6 TCP/IP模型

造成的威胁，大致可以分为自然因素和人为因素两个方面。自然因素如地震、水灾、火灾等；人为因素是指通过制造恶意程序方式入侵和破坏计算机软件、硬件以及信息的行为，也是造成信息安全最大的威胁。

3. 我国网络信息安全发展

《中华人民共和国国家安全法》第十四条规定，每年4月15日为全民国家安全教育日。国家安全不是多个领域安全的简单叠加，而是一张布满有机链条的网络，环环相扣。不同领域的安全相互联系、相互影响，在一定条件下可以相互转化，具有传导效应和联动效应。维护国家安全，不但要维护各个领域的安全，也要维护整体和系统的安全。党的十九届六中全会指出，总体国家安全观涵盖政治、军事、国土、经济、文化、社会、科技、网络、生态、资源、核、海外利益、太空、深海、极地、生物等诸多领域，要求坚定维护国家政权安全、制度安全、意识形态安全，加强国家安全宣传教育和全民国防教育，巩固国家安全人民防线。

中国计算机学会（CCF）计算机安全专委会中来自国家网络安全主管部门、高校、科研院所、大型央企、民营企业，预测我国网络安全十大发展趋势：

◆ 趋势一：数据安全治理成为数字经济的"基石"

我国《数据安全法》提出"建立健全数据安全治理体系"。数据安全治理不仅是一系列技术应用或产品，更是包括组织构建、规范制定、技术支撑等要素共同完成数据安全建设的方法论。因此，发展数字经济、加快培育发展数据要素市场，必须把保障数据安全放在突出位置，着力解决数据安全领域的突出问题，有效提升数据安全治理能力。在建立安全可控、弹性包容的数据要素治理制度后，需有效推动数据开发利用与数据安全的一体两翼平衡发展。鉴于此，夯实数据安全治理是促进以数据为关键要素的数字经济健康快速发展的"基石"。

◆ 趋势二：智能网联汽车安全成为产业重点

近年来，我国高度重视智能网联汽车发展。2022年，我国新能源汽车产销分别达到

705.8万辆和688.7万辆，同比增长96.9%和93.4%，市场占有率达到25.6%。我国正在不断释放智能网联汽车的鼓励性政策，加紧制定智能网联汽车产业发展战略规划。汽车智能化和网联化是一把"双刃剑"，一方面增强了便捷性，提高了用户体验感；另一方面，联网后的车辆有可能被黑客入侵和劫持，从而带来网络安全威胁。因此，智能联网汽车安全是企业的生命线。

◆ 趋势三：关键信息基础设施保护领域成为行业增长点

关键信息基础设施一旦遭到破坏、丧失功能或者数据泄露，可能危害国家安全、国计民生和公共利益。当前，关键信息基础设施认定和保护越来越成为各方的关注焦点和研究重点。《关键信息基础设施安全保护条例》于2021年9月正式施行，对关键信息基础设施安全防护提出专门要求。《信息安全技术 关键信息基础设施安全保护要求》国家标准于2023年5月实施，为各行业各领域关键信息基础设施的识别认定、安全防护能力建设、检测评估、监测预警、主动防御、事件处置体系建设等工作提供有效技术遵循，为保障关键信息基础设施全生命周期安全提供标准化支撑。

◆ 趋势四：隐私计算技术得到产学研界共同关注

随着数据安全保护相关法律法规标准与数据要素流通政策密集出台，数据安全保护与数据共享流通之间的矛盾日益突出。作为平衡数据流通与安全的重要工具，隐私计算成为数字经济的底层基础设施，为各行各业搭建坚实的数据应用基础。

◆ 趋势五：数据安全产业迎来高速增长

近年来，我国数字经济规模持续扩大，数据安全越发受到重视，数据安全产业增速明显，同比增长速度达30%，2022年更是达到40%。随着我国数字化转型步伐加速，数据规模持续扩大，金融、医疗、交通等重要市场以及智能汽车、智能家居等新兴领域数据安全投入持续增加，稳定增长的市场需求将吸引越来越多的传统安全企业以及新兴安全企业推出数据安全相关产品和服务。

◆ 趋势六：国产密码技术将得到更加广泛的应用

密码是保障个人隐私和数据安全的核心技术，国产密码在各层次的充分融合应用成为基础软硬件安全体系化的核心支撑。在国家密码发展基金等国家级科技项目的引导和支持下，我国在密码算法设计与分析基础理论研究方面取得了一系列的创新科研成果，自主设计的系列密码算法已经成为国际标准、国家标准或密码行业标准，我国商用密码算法体系基本形成，能满足非对称加密算法、摘要算法和对称加密算法的需要。

◆ 趋势七：供应链安全风险管理成为重要挑战

供应链风险管理一直是网络安全建设过程中的薄弱环节，尤其是采购的软件中多使用开源软件和源代码，为黑客通过供应链中供应商的薄弱安全链接访问企业数据提供可乘之机。随着经济全球化和信息技术的快速发展，网络产品和服务供应链已发展为遍布全球的复杂系统，任一产品组件、任一供应链环节出现问题，都可能影响网络产品和服务的安全。供应链攻击（尤其是勒索软件）将持续成为影响组织网络安全的重要因素，在目前远程办公逐渐常态化、规模化的环境下，组织内来源于全球供应链的设备、系统、服务、数据都存在供应链安全风险。

◆ 趋势八：信创需求将全面爆发

基础软硬件是科技产业的支柱，信息技术创新直接关系国家安全，对信创产业的重视程度将上升到新高度。从近几年信创产业发展来看，通过应用牵引与产业培育，国产软硬件产品综合能力不断提升，操作系统、数据库等基础软件在部分应用场景中实现"可用"，正在向"好用"迈进。2022年，我国陆续发布《"十四五"推进国家政务信息化规划》，提出要实现全流程安全可靠的发展目标。未来5年，从党政信创到行业信创，从金融和运营商到教育和医疗，信创需求将全面爆发，国产软硬件渗透率将快速提升。2020—2022年是党政信创需求爆发的3年，2023—2027年行业信创将接力党政信创，从金融行业、运营商行业逐渐向教育、医疗等行业扩散。

◆ 趋势九：网络安全云化服务被用户广泛接纳

云计算与云应用已经成为IT基础设施，如何在公有云、私有云、混合云、边缘云以及云地混合环境中保障安全，已成为未来组织发展的"刚需"。厂商需要积极应对软件化趋势，提升其产品的虚拟化、云化、SaaS化能力，从而抓住网络安全市场的下一个5年发展机遇。云化趋势为网络安全产品服务提供更有利的运营模式。"网络安全即服务"（CSaaS）将继续成为许多公司的最佳解决方案之一，以允许所使用的服务随时间变化并定期调整，确保满足客户的业务需求。在网络安全人才短缺、安全态势瞬息万变、安全防护云化的今天，用户愿意为硬件出高价而不愿意在软件甚至服务上投入的情况将得到改善，在数据安全政策法规和网络安全保险服务的共同支撑下，中小企业采购云化的网络安全服务意愿将增强，政务网络安全托管服务为广大政务用户提供了一种更经济、更便捷、更有效的选择。

◆ 趋势十：人工智能网络攻防呈现对抗发展演化

人工智能可以通过发现和检测网络攻击的安全威胁来提升自身网络安全保护水平，但人工智能也可能被恶意用于创建更加复杂的攻击，增加网络攻击监测发现的难度。网络安全从人人对抗、人机对抗逐渐向基于人工智能的攻防对抗发展演化。随着新一代人工智能技术的提出与发展，攻击方将利用人工智能更快、更准地发现漏洞，产生更难以检测识别的恶意代码，发起更隐秘的攻击，防守方则需要利用人工智能提升检测、防御及自动化响应能力。基于人工智能的自动化渗透测试、漏洞自动挖掘技术等将为这一问题的解决提供新的可能。

任务要求： 将可编辑文字版"技能挑战通知书"转换成不可编辑的PDF版，防止文件被篡改，保护文件信息安全。

步骤1： 启动WPS软件、单击"首页"→"打开"，找到之前制作"WPS Office技能挑战赛通知书"的文档。

步骤2： 转换成PDF文件。

方法1：单击工具栏中的"输出为PDF"→"开始转换"，如图7-7所示。

方法2：单击"文件"菜单→"输出为PDF"→"开始转换"，如图7-8所示。

方法3：单击"文件"菜单→"另存为"→"其他格式"→"PDF文件格式（*.pdf）"→"保存"，如图7-9所示。

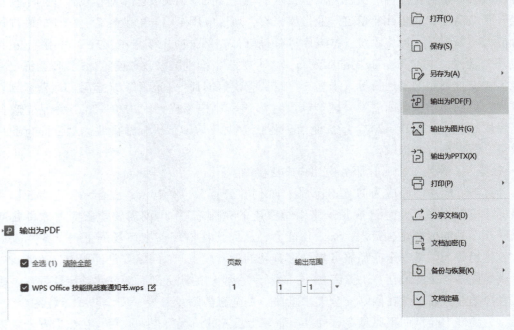

图 7-7　PDF 文件转换方法 1　　　　　图 7-8　PDF 文件转换方法 2

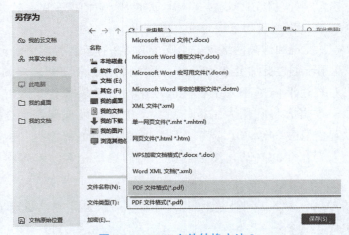

图 7-9　PDF 文件转换方法 3

任务 2　计算机病毒及防范

知识储备：计算机病毒

1. 定义

计算机病毒（Computer Virus）指编制者在计算机程序中插入的破坏计算机功能或者破坏数据，影响计算机正常使用并且能够自我复制的一组计算机指令或程序代码。

2. 特征

计算机病毒具有传染性、隐蔽性、感染性、潜伏性、可激发性、表现性和破坏性等特征。计算机病毒的生命周期：开发期→传染期→潜伏期→发作期→发现期→消化期→消亡期。

3. 计算机病毒的分类

（1）按照计算机病毒的寄生方式分类，可将计算机病毒分为引导型病毒、文件型病毒和混合型病毒。

◆ 引导型病毒：通过感染软盘的引导扇区，进而感染硬盘和硬盘中的"主引导记录"。当硬盘被感染后，计算机就会感染每个插入计算机的设备。引导型病毒在占据引导区后，会将系统正常的引导程序放到其他位置，系统在启动时，先调用引导区的病毒程序，再转向执行真正的引导程序，因而系统仍然能够正常使用，但是病毒程序实际已经启动。

◆ 文件型病毒：通过操作系统的文件进行传播和感染的病毒，文件型病毒通常隐藏在系统的存储器内，感染文件的扩展名为 EXE、COM、DLL、SYS、BIN、DOC 等。文件型病毒又可分为源码型病毒、嵌入型病毒和外壳型病毒。

◆ 混合型病毒：同时拥有引导型病毒和文件型病毒特征的病毒。该类病毒既可感染引导区，也可感染可执行文件。因此，这类病毒的传染性更强，清除难度也更大。清除混合型病毒时，需要同时清除引导区的病毒和被感染文件的病毒，因此常常会出现清除不干净的情况。

（2）要传播计算机病毒，必须进入系统中才能执行，进而要借助系统内的文件建立链接。按照计算机病毒链接文件的方式不同，计算机病毒可分为源码型病毒、嵌入型病毒、外壳型病毒和操作系统型病。

◆ 源码型病毒：是攻击高级语言的病毒。这类病毒需要在高级语言编译时插入高级语言程序中成为程序的一部分。

◆ 嵌入型病毒：是将病毒程序代码嵌入现有程序中，将病毒的主体程序与攻击的对象以插入的方式进行链接。

◆ 外壳型病毒：是将自身程序代码包围在攻击对象的四周，但不对攻击对象做修改，只是通过攻击对象在运行时先运行外壳文件而激活的病毒。

◆ 操作系统型病毒：是将病毒程序取代或加入操作系统中，当操作系统运行时，就运行了病毒程序。

（3）按照计算机病毒的破坏程度区分，计算机病毒可分为良性病毒和恶性病毒。

◆ 良性病毒：是指本身不会对系统造成直接破坏的病毒。这类病毒在发作时并不会直接破坏系统或文件，一般会显示一些信息、演奏段音乐等。良性病毒虽然在表象上不会直接破坏系统或文件，但它会占用硬盘空间，在病毒发作时，会占用内存和 CPU，造成其他正常文件运行缓慢，影响用户的正常工作。

◆ 恶性病毒：是指破坏系统或文件的病毒。恶性病毒在发作时，会对系统或文件造成严重的破坏，如删除文件、破坏分区表或格式化硬盘，使系统崩溃、重启甚至无法开机，给用户工作带来严重的影响。

任务要求：计算机病毒的防范方法

计算机病毒的传播大多借助互联网通信，往往使用者在上网过程中由于安全防范意识的薄弱，被病毒制作者所蛊惑，通过网页浏览、资料下载、收看网络媒体等方式被病毒感染，因此，防范计算机病毒的主阵地在网上，规范上网行为是确保信息安全的重要内容。

（1）选择知名杀毒软件或者安全卫士以及电脑管家软件（如：腾讯电脑管家、360 安全维护等）。

（2）及时下载安装操作系统和系统中应用软件的漏洞补丁程序，阻止各类病毒、木马等恶意程序入侵操作系统。

（3）不要访问不可信网站，避免造成木马等恶意程序感染计算机。计算机用户在打开 Web 网页时，务必打开计算机系统中防病毒软件的"网页监控"功能。

（4）不要随意执行通过网络聊天软件传送的可执行文件。

（5）不要轻易打开来历不明的邮件，尤其是邮件的附件，要首先用杀毒软件查杀，确定无病毒和"黑客"程序后打开。

（6）使用 U 盘、软盘进行数据交换前，先对其进行病毒检查；同时，禁用 U 盘的自动播放功能，避免在插入 U 盘或移动硬盘时受到病毒感染。

（7）要尽量使用最新版本的互联网浏览器软件、电子邮件软件和其他相关软件。

（8）做好系统和重要数据的备份，以便能够在遭受病毒侵害后及时恢复。

项目 3

信息伦理与社会责任

项目情境

滨小职最近迷上了抖音、快手等短视频平台,以致白天上课萎靡不振、昏昏欲睡,作业拖欠,成绩严重下滑,我们应该怎样帮助他呢?同时,个人信息泄露也成为近些年来社会焦点问题。有报道称,某大学研究生盗取全校部分学生个人信息搭建颜值评分网站,侵犯了学生的个人隐私,那么我们又该使用哪些法律法规保护个人信息安全呢?

项目分析

(1)了解信息社会责任。
(2)了解职业文化和信息伦理。
(3)重视大学生信息伦理建设。
(4)通过脑图归纳维护信息安全的法律法规。

项目目标

本项目重在了解信息社会责任,并借助脑图归纳维护信息安全的法律法规。同时,本项目还介绍了职业文化和信息伦理,并指导大学生在虚拟网络社会也要坚守信息伦理。

项目实施

任务1 认识信息社会责任,并利用脑图归纳维护信息安全的法律法规

知识储备:信息社会责任和意识

信息时代随着信息技术、新能源、新材料、生物技术等革命性突破和交叉融合,新一轮产业变革已箭在弦上,特别是以云计算、大数据、物联网、人工智能等新一代信息技术为代表的技术已经改变着传统产业,我国当前的传统产业正在经历着"数智化"转型,面对如此快速迭代发展的信息技术,每一位生活在信息社会的个体都应当具备过硬的信息社会责任。

信息社会责任是指信息社会中的个体在文化修养、道德规范和行为自律等方面应尽的责

任。对于新时代的大学生来说，应当具有信息安全意识，能够遵守信息法律法规，信守信息社会的道德与伦理准则，在现实空间和虚拟空间中能够自觉遵守公共规范，既能够有效维护信息活动中个体的合法权益，也能够积极维护他人的合法权益和公共信息安全。能够主动关注信息技术革命所带来的环境、人文等问题，对于信息技术创新所产生的新观念、新事物具备积极主动学习的态度、理性的价值判断能力和负责任的行动能力，不信谣，不传谣。

中央网信办于 2018 年 8 月开通运营"中国互联网联合辟谣平台"，设立了部委发布、地方回应、媒体求证、专家视角辟谣课堂等栏目，具备举报谣言、查证谣言的功能，可以获取相关部门和专家的权威辟谣信息。平台对谣言主动发现、联动查证、权威辟谣、聚合传播，有力削弱了网络谣言造成的不良影响，为维护群众合法权益、维护社会稳定、维护党和政府形象发挥了积极作用。

任务要求 1：利用脑图总结归纳维护信息安全的法律法规，新建脑图。

步骤 1：选择"首页"→"新建"→"新建文字"→"空白文档"。

步骤 2：选择"插入"，在工具栏中选择"脑图"→"新建空白"，如图 7 – 10 所示。

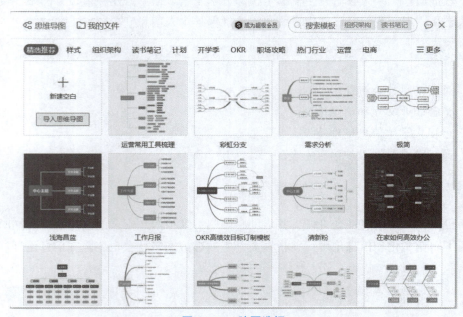

图 7 – 10　脑图选择

步骤 3：选择并双击界面中出现的"未命名文件"，输入"信息安全法律法规"，如图 7 – 11 所示。

任务要求 2：在脑图中插入多级子主题。

步骤 1：选择"插入"菜单→"子主题"，输入子主题中的文字内容。

步骤 2：按照步骤 1 反复插入多个"子主题"，再为每个"子主题"插入下一级"子主题"，直至完成制作，如图 7 – 12 所示。当然，也可以通过单击鼠标右键，在快捷菜单中选择"新增子主题"来完成"子主题"的添加。

图 7–11　编辑"父级节点"

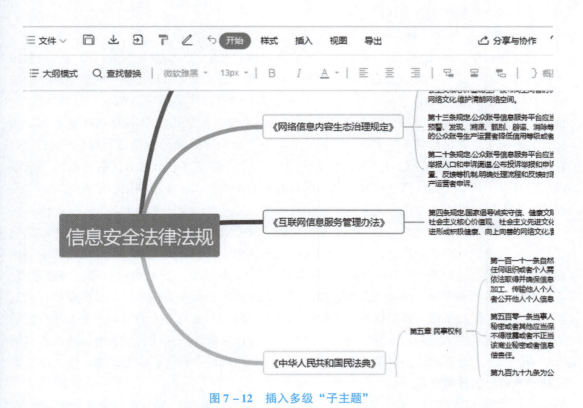

图 7–12　插入多级"子主题"

任务 2 大学生信息伦理建设

知识储备：

1. 职业文化

所谓职业文化，是指"人们在职业活动中逐渐形成的价值理念、行为规范、思维方式的总称，以及相应的礼仪、习惯、气质与风气，其核心内容是对职业有使命感，有职业荣誉感和良好的职业心理，遵循一定的职业规范以及对职业礼仪的认同和遵从。"高职院校的职业文化构建应当以社会主义精神文明为导向，以核心价值观为指导，以职业的参与者为主体，以社会职业道德为基本内涵，以追求职业主体正确的职业理念、职业态度、职业道德、职业责任、职业价值为出发点和落脚点而构建的文化体系。职业素养主要指职业人才从业须遵守的必要行为规范，旨在充分发挥劳动者的职业品质。职业素养即职场人技术与道德的总和，主要包括职业道德、职业技能、职业习惯与职业行为。好的职业素养能够指引职场人才成熟应对各项工作，指引劳动者创造更多的价值。高职院校作为培养高素质人才的基地，更应注重职业素养的培养。教育部在《关于全面提高高等职业教育教学质量的若干意见》中指出："要高度重视学生的职业道德教育和法制教育，重视培养学生的诚信品质、敬业精神和责任意识、遵纪守法意识，培养一批高素质的技能型人才。"其中，诚信品质、敬业精神和责任意识等都属于职业文化的范畴。

2. 信息伦理与行为规范

信息伦理学的形成是从对信息技术的社会影响研究开始的。信息伦理的兴起与发展植根于信息技术的广泛应用所引起的利益冲突和道德困境，以及建立信息社会新的道德秩序的需要。1986年，美国管理信息科学专家 R. O. 梅森提出信息时代有信息隐私权、信息准确性、信息产权及信息资源存取权 4 个主要的伦理议题。至此，信息伦理学的研究发生了深刻变化，它冲破了计算机伦理学的束缚，将研究的对象更加明确地确定为信息领域的伦理问题，在概念和名称的使用上也更为直白，直接使用了"信息伦理"这个术语。信息伦理指向涉及信息开发、信息传播、信息的管理和利用等方面的伦理要求、伦理准则、伦理规约，以及在此基础上形成的新型的伦理关系。

信息伦理又称信息道德，是调整人与人之间以及个人和社会之间信息关系的行为规范的总和。信息伦理包含 3 个层面的内容，即信息道德意识、信息道德关系和信息道德活动。信息道德意识是信息伦理的第一个层次，包括与信息相关的道德观念、道德情感、道德意志、道德信念和道德理想等，是信息道德行为的深层心理动因，集中体现在信息道德原则、规范和范畴之中。信息道德关系是信息伦理的第二层次，包括个人与个人的关系、个人与组织的关系、组织与组织的关系，这些成员之间的关系是通过大家共同认同的信息道德规范和准则维系的。信息道德活动是信息伦理的第三层次，包括信息道德行为、信息道德评价、信息道德教育和信息道德修养等。

任务要求： 大学生信息伦理建设。

信息伦理作为一种意识形态，它的建设除了通过政府层面制定相应的法律法规和技术规范外，还需要从技术层面不断完善技术的监控、网络的监管等。另外，还需要构建学校、家庭、社会三位一体的信息伦理教育网络，多管齐下，形成整体性的教育合力，多方面、多角度、多维度地促使信息伦理培养目标的最终实现。

对于大学生信息伦理的教育，可以从以下几个方面入手：

（1）提升对信息伦理的重视度。信息技术已渗透到社会的各个方面，而信息技术所引发的不良影响也涉及政治、经济、军事、文化和教育等社会的方方面面。信息伦理是减少信息犯罪的内在因素，是从根本上遏制信息犯罪的关键所在。因此，除了要重视大学生对信息技术的应用外，也必须同时关注他们的内在修养，重视大学生信息伦理的提升。

（2）加强对信息伦理的教育。信息伦理教育是指通过全社会所遵循的价值取向和道德规范，有组织、有计划地对人的人格和道德形成产生影响的活动。在对网络用户进行网络道德教育时，应该结合相关的法律、法规，对网民进行法制教育，促使其树立网络法治意识，规范公民依法上网行为，使公民认识到如果放任自流、伤害他人，最终将会因道德失范而受到法律的制裁。

（3）培育大学生的信息价值观。大学生在信息运用的过程中，应秉持社会主义核心价值观，树立正确的科学态度，自觉按照法律和道德规范使用信息技术，进行信息交互活动。信息时代的大学生不仅要接受、传递数字信息，而且要创造、享受这种数字化、精确化、高速化的生活；不但要遵守现实社会的秩序，而且应该遵守网络社会的秩序。

（4）养成信息社会的自律行为。自律是一切道德的最高准则，唯有自律，才能使外在的社会规范转化为主体的自觉行动。信息伦理教育要以培养大学生的道德境界为目标，使其信息行为由他律向自律演进，使大学生养成良好的信息道德认识和网络行为习惯，将社会对信息行为的道德要求转化为自己的内在要求，不断提高自身的信息伦理修养，逐渐走向自觉。

小　　结

本模块分成三个部分，分别介绍了信息素养和信创产业、信息安全和病毒防范、信息伦理与社会责任，并且将在线协作表单、PDF 文件转换、脑图制作等 WPS 互联网应用融入其中。本模块重点介绍了金山办公与信创产业，信创产业作为科技创新的重要领域，是数据安全与网络安全的基础，也将成为拉动经济发展的重要抓手之一。过去十多年来，我国在突破信息领域核心技术问题上开展了长期工作，也尝试了多种不同的策略，直至信创工作的快速推进，逐步摸索出统筹规划、应用牵引、问题导向、联合攻关、标准先行、产用互动的可行路线。"十四五"时期，信创产业主要任务是建设高质量生态体系，以信创产业生态服务实体经济高质量发展，并以信创产业生态建设促进智慧安全发展。

课后练习

一、选择题

1. 信息安全的 CIA 三元组目标，即（　　）、完整性和可用性。
　　A. 流通性　　　　　　B. 准确性　　　　　　C. 保密性　　　　　　D. 一致性
2. 信息安全是为保护计算机硬件、软件和（　　）不因偶然和恶意的原因而遭到破坏、更改和泄露。
　　A. 系统　　　　　　　B. 数据　　　　　　　C. 外设　　　　　　　D. 文档
3. 计算机病毒具有潜伏性、传染性、突发性、隐蔽性、（　　）性等特征。
　　A. 流行　　　　　　　B. 开放　　　　　　　C. 破坏　　　　　　　D. 销毁
4. 除了运用安全防御的技术手段，还需必要的管理手段和（　　）支持。
　　A. 科技监管　　　　　B. 应用方式　　　　　C. 宣传引导　　　　　D. 政策法规
5. 《中华人民共和国国家安全法》规定，每年（　　）为全民国家安全教育日。
　　A. 4 月 15 日　　　　　　　　　　　　　　　B. 6 月 15 日
　　C. 12 月 4 日　　　　　　　　　　　　　　　D. 3 月 12 日
6. 信息素养这一概念最早被提出是在（　　）年。
　　A. 1956　　　　　　　B. 1974　　　　　　　C. 1978　　　　　　　D. 1998
7. 职业文化是指人们在职业活动中逐渐形成的价值理念、（　　）、思维方式的总称。
　　A. 行为规范　　　　　　　　　　　　　　　B. 诚信品质
　　C. 敬业精神　　　　　　　　　　　　　　　D. 责任意识
8. 入侵检测系统是一种对网络活动进行（　　）监测的专用系统。
　　A. 实时　　　　　　　B. 临时　　　　　　　C. 离线　　　　　　　D. 在线
9. 中国互联网联合辟谣平台，以及中央重点新闻网站和地方区域性辟谣平台、门户网站以及专家智库构建了对网络谣言（　　）的工作模式。
　　A. 联动发现　　　　　　　　　　　　　　　B. 联动处置
　　C. 联动消除　　　　　　　　　　　　　　　D. 联动辟谣
10. 信息伦理包含（　　）3 个层面的内容。
　　A. 信息道德意识　　　　　　　　　　　　　B. 信息道德规范
　　C. 信息道德关系　　　　　　　　　　　　　D. 信息道德活动

二、简答题

1. 信息素养主要包括哪些能力要求？
2. 我国信创产业制定了什么计划？
3. 什么是信息安全？
4. 计算机病毒按照寄生方式分类，可分为哪几种？
5. 信息伦理有哪三个层次？

日期		主题	
提纲： 重点、难点、易错点	笔记		

总结

日期		主题	
提纲： 重点、难点、易错点	笔记		

总结

日期		主题	
提纲： 重点、难点、易错点	笔记		

总结

日期		主题
提纲： 重点、难点、易错点	笔记	
总结		

日期	主题
提纲： 重点、难点、易错点	笔记

总结

日期		主题	
提纲: 重点、难点、易错点	笔记		

总结